应用型本科院校"十二五"规划教材/物理

主 编 张天春 刘宇蕾
副主编 鲁婷婷 孙纪勃 曹显莹
       张学伟 曲 阳 郭春来
       杨 爽
主 审 李德敏

大学物理实验教程

Experiment of College Physics

哈尔滨工业大学出版社

内容简介

本书根据教育部颁发的《非物理类理工科大学物理实验课程教学基本要求》,吸收了各高校物理实验的成果和经验,结合教学的实际情况编写而成。

本书共分 6 章。绪论部分主要介绍物理实验的地位和作用。第 1 章主要介绍物理实验中测量误差、测量的不确定度的评价和数据处理的常用方法。第 2~5 章分别从力学、热学、电磁学、光学等方面选编了一些相关的典型实验,侧重实验基本知识、基本方法、基本技能的训练。第 6 章为综合性实验,侧重于学生综合能力的提高。

本书可作为高等工科院校及师范院校非物理专业类学生的物理实验教材,也可作为相关专业技术人员的参考资料。

图书在版编目(CIP)数据

大学物理实验教程/张天春,刘宇蕾主编. —哈尔滨:
哈尔滨工业大学出版社,2010.8(2016.1 重印)
应用型本科院校"十二五"规划教材
ISBN 978-7-5603-3071-6

Ⅰ.①大… Ⅱ.①张… ②刘… Ⅲ.①物理学-实验-
高等学校-教材 Ⅳ.①O4-33

中国版本图书馆 CIP 数据核字(2010)第 157433 号

策划编辑	赵文斌 杜 燕
责任编辑	王桂芝
封面设计	卞秉利
出版发行	哈尔滨工业大学出版社
社　　址	哈尔滨市南岗区复华四道街 10 号 邮编 150006
传　　真	0451-86414749
网　　址	http://hitpress.hit.edu.cn
印　　刷	黑龙江省地质测绘印制中心印刷厂
开　　本	787mm×1092mm 1/16 印张 13 字数 280 千字
版　　次	2010 年 8 月第 1 版 2016 年 1 月第 4 次印刷
书　　号	ISBN 978-7-5603-3071-6
定　　价	24.00 元

(如因印装质量问题影响阅读,我社负责调换)

《应用型本科院校"十二五"规划教材》编委会

主　任	修朋月　竺培国
副主任	王玉文　吕其诚　线恒录　李敬来
委　员	（按姓氏笔画排序）

丁福庆　于长福　马志民　王庄严　王建华
王德章　刘金祺　刘宝华　刘通学　刘福荣
关晓冬　李云波　杨玉顺　吴知丰　张幸刚
陈江波　林　艳　林文华　周方圆　姜思政
庹　莉　韩毓洁　臧玉英

序

哈尔滨工业大学出版社策划的《应用型本科院校"十二五"规划教材》即将付梓,诚可贺也。

该系列教材卷帙浩繁,凡百余种,涉及众多学科门类,定位准确,内容新颖,体系完整,实用性强,突出实践能力培养。不仅便于教师教学和学生学习,而且满足就业市场对应用型人才的迫切需求。

应用型本科院校的人才培养目标是面对现代社会生产、建设、管理、服务等一线岗位,培养能直接从事实际工作、解决具体问题、维持工作有效运行的高等应用型人才。应用型本科与研究型本科和高职高专院校在人才培养上有着明显的区别,其培养的人才特征是:①就业导向与社会需求高度吻合;②扎实的理论基础和过硬的实践能力紧密结合;③具备良好的人文素质和科学技术素质;④富于面对职业应用的创新精神。因此,应用型本科院校只有着力培养"进入角色快、业务水平高、动手能力强、综合素质好"的人才,才能在激烈的就业市场竞争中站稳脚跟。

目前国内应用型本科院校所采用的教材往往只是对理论性较强的本科院校教材的简单删减,针对性、应用性不够突出,因材施教的目的难以达到。因此亟须既有一定的理论深度又注重实践能力培养的系列教材,以满足应用型本科院校教学目标、培养方向和办学特色的需要。

哈尔滨工业大学出版社出版的《应用型本科院校"十二五"规划教材》,在选题设计思路上认真贯彻教育部关于培养适应地方、区域经济和社会发展需要的"本科应用型高级专门人才"精神,根据黑龙江省委书记吉炳轩同志提出的关于加强应用型本科院校建设的意见,在应用型本科试点院校成功经验总结的基础上,特邀请黑龙江省9所知名的应用型本科院校的专家、学者联合编写。

本系列教材突出与办学定位、教学目标的一致性和适应性,既严格遵照学科体系的知识构成和教材编写的一般规律,又针对应用型本科人才培养目标及与之相适应的教学特点,精心设计写作体例,科学安排知识内容,围绕应用讲授理论,做到"基础知识够用、实践技能实用、专业理论管用"。同时注意适当融入新理论、新技术、新工艺、新成果,并且制作了与本书配套的 PPT 多媒体教学课件,形成立体化教材,供教师参考使用。

《应用型本科院校"十二五"规划教材》的编辑出版,是适应"科教兴国"战略对复合型、应用型人才的需求,是推动相对滞后的应用型本科院校教材建设的一种有益尝试,在应用型创新人才培养方面是一件具有开创意义的工作,为应用型人才的培养提供了及时、可靠、坚实的保证。

希望本系列教材在使用过程中,通过编者、作者和读者的共同努力,厚积薄发、推陈出新、细上加细、精益求精,不断丰富、不断完善、不断创新,力争成为同类教材中的精品。

前　言

本教材是按照教育部高等学校非物理类专业物理基础课程教学指导分委会颁发的《非物理类理工科大学物理实验课程教学基本要求》，吸收了各高校物理实验的成果和经验，结合我校物理实验室仪器设备的实际情况编写而成。

本书的特色在于求新，新的物理实验理念，新型的物理实验设备，新的物理实验方法，体现了进入21世纪带来的新时代气息。另一个特色是力求严谨，实验步骤的严谨，实验数据处理的科学严谨，使工科院校的学生在完成全部物理实验后，培养出一种严谨的工作态度，严谨的科学的解决问题的能力。

在本书编写过程中力求做到：实验目的明了、突出，实验要求明确，实验原理叙述清楚，实验内容和步骤详尽，方便学生学习和教师授课。

本书在体系结构上，充分考虑了与现行的工科院校大学物理教材相匹配，遵循循序渐进的原则，按照力、热、电、光的顺序模式编排；在内容安排上，加强对基础知识的解读，使学生在充分理解物理知识的基础上，掌握实验方法，提高实验能力。

本书共分为29个实验。绪论部分主要明确了物理实验的地位和作用。第1章主要阐述物理实验中测量误差、测量的不确定度的评价和数据处理的常用方法。第2~5章分别从力学、热学、电磁学、光学等方面选编了一些相关的典型实验。进行实验知识和技能的铺垫，侧重实验基本知识、基本方法、基本技能的训练。第6章为综合性实验，主要培养学生实验方法的综合运用，侧重于学生综合能力的提高。在实验内容的安排上，可以根据不同专业对学生能力培养的需要进行合理的选配。

本书由张天春教授负责制定编写方案、全书统稿及对各章内容进行修改等。鲁婷婷编写第5章、第6章；孙纪勃编写第3章及4.1、4.2、4.3、4.4；刘宇蕾编写4.5、4.6、4.7、4.8、4.9；杨爽编写第1章、第2章；张学伟编写绪论及第一章的部分内容，并参加审阅和修改。本书由李德敏教授担任主审。郭春来、曹显莹、曲阳参加部分章节的修改工作。

本书可作为高等工科院校及师范院校非物理专业类学生的物理实验教材，也可作为有关教师、实验技术人员、同层次的成人教育以及工程技术人员自主学习的参考资料。

在本书的编写过程中，参考和借鉴了兄弟院校的有关教材和经验，得到了校内外许多同仁的帮助，在此表示衷心的感谢。由于编者水平有限，书中错误、不当在所难免，恳请读者批评指正。

编　者

2010年7月

目 录

绪 论 ······ 1
1　物理实验课的地位和作用 ······ 1
2　物理实验课的目的和基本程序 ······ 2

第1章　测量误差及数据处理 ······ 4
1.1　测量与误差 ······ 4
1.2　精密度、正确度和准确度 ······ 6
1.3　测量的不确定度 ······ 6
1.4　有效数字及其运算 ······ 10
1.5　实验数据处理的基本方法 ······ 11

第2章　力学实验 ······ 18
2.1　长度测量 ······ 18
2.2　声速的测量 ······ 24
2.3　拉伸法测量金属丝的杨氏模量 ······ 31
2.4　扭摆法测量刚体的转动惯量 ······ 36
2.5　落球法测量液体的粘滞系数 ······ 41

第3章　热学实验 ······ 46
3.1　导热系数的测定 ······ 46
3.2　热电偶定标 ······ 51
3.3　空气比热容比测定 ······ 56

第4章　电磁学实验 ······ 62
4.1　示波器的使用 ······ 62
4.2　电位差计测电势 ······ 75
4.3　电致伸缩实验 ······ 79
4.4　用双臂电桥测低值电阻 ······ 84
4.5　伏安法测电阻 ······ 88
4.6　惠斯通电桥 ······ 91
4.7　静电场的描绘 ······ 96
4.8　RLC电路特性 ······ 101
4.9　光电传感器特性 ······ 113

第5章 光学实验 … 129

- 5.1 迈克尔逊干涉仪的调整与使用 … 129
- 5.2 分光计的调整与使用 … 135
- 5.3 用旋光仪测量旋光性溶液的浓度 … 148
- 5.4 衍射光栅特性与光波波长测量 … 152
- 5.5 透镜成像规律及焦距的测量 … 157
- 5.6 自组望远镜与显微镜 … 163
- 5.7 用双棱镜干涉测光波波长 … 167
- 5.8 光的干涉 … 172

第6章 综合实验 … 177

- 6.1 非平衡直流电桥的应用 … 177
- 6.2 利用光电效应测普朗克常数 … 185
- 6.3 用示波器测量铁磁材料的磁滞回线 … 190

参考文献 … 195

绪　论

1　物理实验课的地位和作用

在人类追求真理、探索未知世界的过程中,物理学的发展起到了重要的作用。物理学是研究物质结构、物质运动形式及物质间相互作用的基本学科。物理学的基本理论渗透到了自然科学的各个领域,对于人类科学技术的发展起到了引领和推动作用。物理学的发展不仅在于推动本学科不断进步,而且,它的发展带动了许多新兴学科、交叉学科的发展和新学科的产生。

物理学是一门实验科学,物理实验在物理学的发展中起着至关重要的作用。物理实验是在人为条件下再现物理现象,对现象进行观测和记录,并对测量结果进行分析的过程。这个过程是人们探索自然,发现和总结物理规律,检验理论正确性的有力工具。物理规律的发现、新理论的产生都必须以实验事实为基础,并不断地接受实验的检验。

16 世纪之前,人们一直认为力是维持物体运动的原因,伽利略经过细致分析和多次实践,巧妙地设计出了自由落体实验,在实验的基础上建立了自由落体定律,从而推翻了统治欧洲长达两千年的这一错误观念。关于光到底是"波"还是"微粒"的争论旷日持久,光的粒子性早由光的直线传播和反射来证实,而光的波动性迟迟没有定论,直到杨氏双缝干涉实验证实了光的波动性的正确性。早在 1865 年麦克斯韦将经典电磁理论归结为著名的四个方程——麦克斯韦方程组,并且预言了电磁波的存在,但是直到 1879 年赫兹通过实验证实了电磁波的存在,麦克斯韦的电磁场理论才得到人们的普遍承认。为了解释光电效应现象,爱因斯坦在 1905 年提出了光量子假说,同时给出了光电效应方程,但是这个发现一直颇具争议,直到 1916 年密立根通过实验严格验证了光电效应方程,爱因斯坦的光电效应定律才得到公认。这种通过实验证实物理理论的事件不胜枚举,可见,说物理学是一门实验科学是毫不夸张的。

诺贝尔奖是公认的当代最具权威的科学奖项,奖项授予有重要发现和发明的人。能够获得诺贝尔物理学奖的成果均是在物理学领域中具有里程碑意义的发现和发明。诺贝尔物理学奖从 1901 年诞生至今已经有 100 多年的历史了,共计有 170 余名获奖者,其中有三分之二以上的获奖者是因为在实验物理方面的重大发现或发明而获奖的。这也侧面反映了实验对于物理学发展的重要作用。

在科学技术迅猛发展的今天,对高等理工院校人才培养的要求也逐渐提高。要求大学生必须具备坚实的物理基础,出色的动手实践能力和勇于开拓的创新精神。物理理论课程和大学物理实验给学生提供了一个很好的平台,对于学生这些基本素质和能力的培养起到了重要作用。大学物理实验是基础教学的重要组成部分,是系统地训练学生掌握实验方法和实验技能的开端,这门课程内涵丰富,覆盖面广,信息量大,对于激发学生想象力,创造力,培养和提高学生独立开展科学研究能力具有不可替代的作用,所以学好物理实验对于广大理工科学生来说是十分重要的。

2　物理实验课的目的和基本程序

1. 物理实验课的目的

大学物理实验课是继大学物理理论课之后对理工科学生独立开设的一门基础课程,通过大学物理实验可以提高学生的科学素养,培养学生的科学思维能力及训练其进行科学实验的基本技能。具体表现在:

(1)学习常用的物理量的基本测量方法,学习常用测量仪器的测量原理和使用方法。

(2)学习正确分析实验中产生的各种误差以及基本的实验数据处理方法。

(3)通过对实验现象的观察和对物理量测量的过程,加深对物理学基本原理的理解。

(4)通过实验过程开拓知识面,开阔思路,并培养实事求是的科学态度,使学生拥有探索和钻研的精神。

2. 物理实验课的基本程序

为了充分利用课堂时间实现实验课目的,物理实验教学过程主要包括以下几个环节

(1)实验预习

由于实验课时间有限,在实验时熟悉仪器需要时间,再加上数据的测量,任务比较繁重,所以在实验课前要做好预习工作。预习时要阅读实验教材,明确本次实验的目的,掌握实验原理,熟悉实验仪器结构和性能,了解实验内容和操作步骤。在实验报告上写出预习的内容,包括:

实验目的——本次实验要求掌握的学习目的。

实验仪器——写出主要仪器的名称、型号。

实验原理——简明扼要阐述实验原理,写出主要公式,画出主要的原理图、电路图或光路图。

实验内容——简要地写明实验的基本内容、步骤及操作要点。

课前预习工作的好坏是能否顺利进行实验的关键,应加以重视,认真完成。

(2)实验操作

学生进入实验室后应遵守实验室规则,主动接受教师对实验预习情况的检查和指导。熟悉仪器实物,合理安装调试仪器。在调试正常后,应严格按照实验步骤进行实验。细心观察实验现象,详尽地记录原始测量数据。实验数据记录务必真实,决不可伪造实验数据。要充分利用实验课堂时间,把重点放在实验能力的培养上,而不是简单记录几组数

据。如果发现数据不合理，应仔细分析错误的原因，重新测量。在实验中遇到仪器、设备故障和问题，应及时请教老师，不可随意处理。

(3) 撰写实验报告

实验课后，要在实验报告上接着预习的内容，把实验过程中记录的原始数据整理后填入表格，并把表格写在实验报告上。表格之后，按照实验要求进行必要的数据处理，并把数据处理的过程详尽地写在实验报告上并得出结论。最后进行小结或讨论，这里可以写实验的心得体会，提出改进实验方法的设想，也可以回答课后的思考题。

第 1 章

测量误差及数据处理

1.1 测量与误差

1. 测量概念及分类

测量就是将待测的物理量直接或间接地与作为基准的同类物理量进行比较,得到待测量量值的过程。

(1) 直接测量与间接测量

按获得测量结果的方式不同,测量可分为直接测量和间接测量。直接测量是指把待测量与作为标准的物理量直接进行比较得出结果。例如,用米尺测量物体的长度,用天平测量物体的质量,用安培表测量电流强度等,都是直接测量。在实际中,还有许多物理量无法由测量仪器直接测出,此时通常是根据它与直接测量量之间的函数关系计算得出,这样的测量称为间接测量。例如测量物体的密度,实际上是测量出物体的质量和体积,然后根据 $\rho = m/V$ 算出物体密度,这个对密度的测量就是间接测量。

(2) 等精度测量和非等精度测量

按测量的方法和条件不同,测量可分为等精度测量和非等精度测量。等精度测量是指在相同的条件下对同一物理量进行的多次测量。例如,由同一人,操作同一仪器,使用同一测量方法对同一物理量进行多次重复测量,即每次测量的可靠程度是相同的,这就是等精度测量。反之,对同一物理量进行多次测量时,若改变测量条件,如所用仪器、测量方法不同等,这样的测量是非等精度测量。

本课程主要讨论等精度测量,如无特殊说明,多次测量均指等精度测量。

2. 误差的概念

被测物理量的客观实际值称作真值。但是,由于实验条件、测量方法、测量仪器及测量人员本身等因素的影响,任何测量结果与其真值间都存在一定的误差。误差(绝对误差)定义为测量值与真值之差。若以 x_0 表示真值,x 表示测量值,Δx 表示误差,则有

$$\Delta x = x - x_0 \tag{1.1.1}$$

误差与真值之比的百分数称作相对误差,用 E 表示

$$E = \frac{\Delta x}{x_0} \times 100\% \approx \frac{\Delta x}{x} \times 100\% \tag{1.1.2}$$

3. 误差的分类

根据误差的性质和产生的原因,误差一般分为系统误差、随机误差和粗大误差。

(1) 系统误差

系统误差是指在一定条件下对同一被测量的多次测量中,误差保持恒定或按一定的规律变化。

产生系统误差有以下几个方面原因:

仪器误差:由于仪器本身的灵敏度、分辨能力的限制或是没有按规定的条件使用仪器而造成的误差。如天平的零点不准,电表刻度不均匀。

理论误差:理论公式或测量方法的近似性而造成的误差。如伏安法测电阻没有考虑电表的内阻。(测量方法的近似性是指测量条件不符合理论公式所规定的要求)

观测误差:因观测者存在的不良测量习惯而造成的误差。如有人读数时总是偏大或偏小,计时总是滞后等。

(2) 随机误差

随机误差是指即使在测量过程中已经减小或消除了系统误差,但在同一测量条件下对某一物理量进行多次测量,也总是存在差异,误差时大时小,时正时负。这种误差是由于实验中许多不可预测的偶然因素共同作用造成的。例如,测量时外界温度、湿度的微小起伏,空间散杂的电磁场,不规则的机械振动和电压的随机波动等,使实验过程中的物理现象和仪器性能时刻发生随机变化,加上人们感官灵敏性的限制,致使每次测量都存在偶然性。

当测量次数足够多时,随机误差服从一定的统计规律。理论和实践均表明,大部分随机误差服从正态分布规律,如图 1.1.1 所示。

由图象可知,随机误差具有以下特点:

① 单峰性:绝对值小的误差出现的概率比绝对值大的误差出现的概率大。

② 对称性:绝对值相等的误差出现的概率相等。

③ 有界性:在测量没有错误的情况下,绝对值很大的误差出现的概率趋于零。

④ 抵偿性:当测量次数无限多时,随机误差的正负值相互抵消,其算术平均值趋于零。

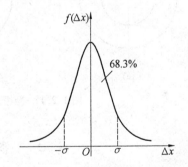

图 1.1.1 随机误差的正态分布曲线

(3) 粗大误差

由于测量者的失误引起测量结果产生明显偏差、数值比较大的误差称为粗大误差。这是一种人为的测量错误,严格地说它不属于测量误差,测量者应采取严肃认真的态度,尽量避免,一旦发生,在处理数据过程中应依照判据加以剔除。

1.2 精密度、正确度和准确度

在实验中对同一物理量进行多次等精度测量时,其结果并不完全一样。如何对测量结果的好坏进行评价呢? 这时要用到精密度、正确度和准确度这三个概念。

1. 精密度

反映测量结果密集的程度。测量结果彼此之间比较接近,其测量的精密度就比较高。它反映随机误差的大小,与系统误差无关。

2. 正确度

反映测量值接近客观实际的程度。测量结果越接近客观实际,测量的正确度越高。它反映了系统误差的大小,与随机误差无关。当多次测量的平均值与真值偏离小,即系统误差较小时,则正确度较高。

3. 准确度

准确度综合反映测量的系统误差和随机误差的大小,准确度高表示测量既精密又正确,即系统误差和随机误差都较小。

利用靶向图 1.2.1 可以形象地表明这三个定义的意义。如图 1.2.1 所示,图(a)表示精密度高、正确度低,图(b)表示正确度高、精密度低,图(c)表示精密度和正确度均高。

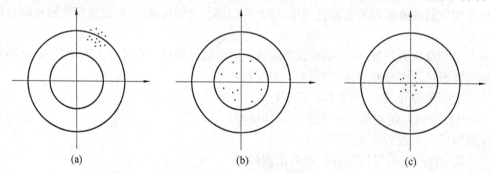

图 1.2.1　精密度、正确度、准确度靶向示意图

1.3 测量的不确定度

对于同一个物理量可以采用不同的测量方法、不同的实验仪器、不同的人员来测量,那么如何评价哪个测量结果更准确呢? 如果用误差来评价测量结果,则存在两个不足:一是误差定义为测量值与真值的差,真值无法确定,使得误差实际上也无法确定。二是误差给出了存在误差的范围,但没给出误差出现在此范围内的可能性。由随机误差的分布曲线可知,误差出现在不同范围的可能性是不同的。因此,目前国际上统一采用不确定度作为评价测量结果的基准。

不确定度表示在测量过程中由于测量误差的存在,使得测量结果不能确定的程度。既包括不能确定的范围,又包括不能确定的概率。可以理解为:一定范围内的误差出现的概率。用测量结果附近的一个范围表示。

不确定度按其来源不同,评定方法亦不同。直接测量量和间接测量量的来源不同,其不确定度的评定方法也有所不同,下面分别对其进行讨论。

1. 直接测量量的不确定度

直接测量量的不确定度来源于测量中的各种误差,按估算方法的不同可以划分为 A 类不确定度和 B 类不确定度。

(1) A 类不确定度

由实验中的随机因素引入的不确定度,称为 A 类不确定度,它可用统计方法处理,又称统计不确定度,用字母 U_A 表示。

设对某一物理量进行了 n 次等精度测量,测量值分布为 $x_1, x_2, \cdots, x_n$。我们无法断定哪个值更可靠,那么由概率论可以证明,它的平均值(也称期望值)是最值得信赖的。求出这组测量值的算术平均值 $\bar{x}$ 为

$$\bar{x} = \sum_{i=1}^{n} x_i / n \tag{1.3.1}$$

由统计学知识可以得到此测量列的标准差

$$\sigma = \sqrt{\frac{1}{n} \sum_{i=1}^{n} (x_i - \bar{x})^2} \tag{1.3.2}$$

查找正态函数积分表可以得到

$$\int_{-\sigma}^{\sigma} p(\Delta x) \mathrm{d}(\Delta x) = p(\sigma) = 0.683$$

$$\int_{-2\sigma}^{2\sigma} p(\Delta x) \mathrm{d}(\Delta x) = p(2\sigma) = 0.954$$

$$\int_{-3\sigma}^{3\sigma} p(\Delta x) \mathrm{d}(\Delta x) = p(3\sigma) = 0.997$$

式中:$p(\Delta x)$ 表示误差分布函数。

以上各式表明,任何一次测量值与平均值(近真值)之差(即误差)落在相应区间的概率。因此标准差的物理意义为:一个测量列的标准差 σ,表示该测量列测量的误差在 $[-\sigma, \sigma]$ 区间的概率为 68.3%,即真值出现在 $[\bar{x} - \sigma, \bar{x} + \sigma]$ 区间的概率为 68.3%,这个概率称为置信概率。相应的,该测量列测量的误差在 $[-2\sigma, 2\sigma]$ 区间的概率为 95.4%,真值出现在 $[\bar{x} - 2\sigma, \bar{x} + 2\sigma]$ 区间的概率为 95.4%。该测量列测量的误差在 $[-3\sigma, 3\sigma]$ 区间的概率为 99.7%,真值出现在 $[\bar{x} - 3\sigma, \bar{x} + 3\sigma]$ 区间的概率为 99.7%。

当测量次数趋于无穷时,标准差的绝对值大于 3σ 的概率仅为 0.3%,对于有限次测量这种可能性是很小的,可以认为是测量失误,应予以剔除。这是分析测量数据时,判断测量值是否是坏值的 3σ 判据。

在实际实验中,测量次数总是有限的,这时,标准差近似地用标准偏差表示。由贝塞尔公式可以求出此测量列平均值的标准偏差

$$S = \sqrt{\frac{1}{n(n-1)} \sum_{i=1}^{n} (x_i - \bar{x})^2} = \frac{\sigma}{\sqrt{n}} \tag{1.3.3}$$

平均值的标准偏差反映出有限次测量的测量结果的误差范围和可能程度,因此可以用平均值的标准偏差来表示 A 类不确定度,即 $U_A = S$。

(2) B 类不确定度

由未定系统误差引入的不确定度称作 B 类不确定度,它不能用统计方法处理,又称作非统计不确定度,用 U_B 表示。B 类不确定度主要来源于仪器误差、估读误差等,本课程如无特别要求,仅考虑仪器误差引起的 B 类不确定度。此时有

$$U_B = \Delta_{仪} / \sqrt{3} \tag{1.3.4}$$

$\Delta_{仪}$ 称为仪器误差,它是指在正确使用仪器的条件下,仪器的示值与被测量的实际值之间可能产生的最大误差,一般在仪器上或说明书上标明。如果没有注明,一般用仪器最小刻度值的一半作为 $\Delta_{仪}$,或者根据仪器的级别进行计算,即 $\Delta_{仪}$ = 量程 × 级别 %。

(3) 合成不确定度

测量量的总不确定度是 A 类不确定度和 B 类不确定度的合成,记做 U。如测量量的 A、B 不确定度相互独立,合成不确定度由 A、B 两类不确定度的方和根确定,即

$$U = \sqrt{U_A^2 + U_B^2} \tag{1.3.5}$$

不确定度是估计值,它一般只保留 1~2 位有效数字。

(4) 单次测量量的不确定度

有时由于实验条件、测量仪器、测量精度等因素的限制,对测量量只需测量一次或者只能测量一次。对于单次测量来说,不确定度主要来源于仪器误差,因而单次测量的不确定度近似地用 B 类不确定度来表示。

【例 1】 用螺旋测微计测量一钢珠的直径 d 10 次,其测量值分别为:4.270,4.250,4.230,4.270,4.240,4.260,4.260,4.250,4.240,4.230,单位为 mm。求置信概率 $p = 0.68$ 时,该测量列的 A 类不确定度。

解 首先计算该测量列的算术平均值为

$$\bar{d} = \frac{1}{10} \sum_{i=1}^{10} d_i = 4.250 \text{ mm}$$

按式(1.3.3)求出平均值的标准偏差为

$$S = \sqrt{\frac{1}{10(10-1)} \sum_{i=1}^{n} (d_i - \bar{d})^2} = 0.045$$

2. 间接测量量的不确定度

计算间接测量量的值,是把各直接测量列中的值带入相应的函数关系式进行计算而得到的。由于各种直接测量值都存在误差,因此间接测量值也必然存在一定的误差。这种由直接测量值的误差影响到间接测量值的误差的现象,称为误差的传递。所传递误差的大小与直接测量值误差的大小以及函数关系式的具体形式有关。

设 y 是一个间接测量值,它与有限个相互独立的直接测量值 $x_1, x_2, \cdots, x_n$ 有以下函数关系

$$y = f(x_1, x_2, \cdots, x_n)$$

设 $x_1, x_2, \cdots, x_n$ 的不确定度分别为 $U_1, U_2, \cdots, U_n$,不确定度的传递公式为

$$U_y = \sqrt{\left(\frac{\partial f}{\partial x_1}\right)^2 U_1{}^2 + \left(\frac{\partial f}{\partial x_2}\right)^2 U_2{}^2 + \cdots + \left(\frac{\partial f}{\partial x_n}\right)^2 U_n{}^2} \qquad (1.3.6)$$

类似于相对误差,相对不确定度定义为不确定度与测量值之比,相对不确定度的传递公式为

$$U_r = \frac{U_y}{y} = \sqrt{\left(\frac{\partial f}{\partial x_1}\right)^2 \left(\frac{U_1}{f}\right)^2 + \left(\frac{\partial f}{\partial x_2}\right)^2 \left(\frac{U_2}{f}\right)^2 + \cdots + \left(\frac{\partial f}{\partial x_n}\right)^2 \left(\frac{U_n}{f}\right)^2} \qquad (1.3.7)$$

如果间接测量量的函数关系是和差形式,直接由式(1.3.6)求解比较方便;如果间接测量量是其他形式,则由式(1.3.7)先求出其相对不确定度,再由 $U_r = \frac{U_y}{y}$ 求出其不确定度比较方便。

下面给出一些常用函数的不确定度传递公式。

表1.3.1　常用函数不确定度传递公式

函数表达式	不确定度传递公式
$N = x \pm y$	$U_N = \sqrt{U_x{}^2 + U_y{}^2}$
$N = x \cdot y$	$\frac{U_N}{N} = \sqrt{\left(\frac{U_x}{x}\right)^2 + \left(\frac{U_y}{y}\right)^2}$
$N = x/y$	$\frac{U_N}{N} = \sqrt{\left(\frac{U_x}{x}\right)^2 + \left(\frac{U_y}{y}\right)^2}$
$N = kx$	$U_N = kU_x,\ \frac{U_N}{N} = \frac{U_x}{x}$
$N = x^k y^n / z^m$	$\frac{U_N}{N} = \sqrt{k^2\left(\frac{U_x}{x}\right)^2 + n^2\left(\frac{U_y}{y}\right)^2 + m^2\left(\frac{U_z}{z}\right)^2}$
$N = \sqrt[k]{x}$	$\frac{U_N}{N} = \frac{1}{k}\frac{U_x}{x}$
$N = \sin x$	$U_N = |\cos \bar{x}|U_x$
$N = \ln x$	$U_N = \frac{U_x}{x}$

3. 测量结果的表示

实验中要求科学地表示出测量结果,该结果应包含待测量的最佳值、不确定度、置信概率和单位,即

$$X = \bar{x} \pm U(\text{单位}) \quad P = 0.683$$

式中,$\bar{x}$ 为测量列的平均值(近真值),不确定度一般取 1～2 位有效数字,$\bar{x}$ 的有效数字在小数点后的位数要和不确定度对齐。此表达式的物理意义可以表述为:被测量的真值处在 $[\bar{x} - U, \bar{x} + U]$ 区间内的概率为 68.3%。一般无特殊要求默认 $P = 0.683$,所以 $P = 0.683$ 可以省略不写。

1.4 有效数字及其运算

1. 有效数字的概念

测量的结果是由一列数字表示出来的,物理实验要求表示测量结果的数字要能够反映出测量仪器的精度和待测物体的数值信息,因此测量结果的有效数字位数不能任意取舍。

对于标定刻度的仪器读数时要进行估读,估读的原则可以读到最小分度值的1/10,1/5,1/2,具体情况根据测量仪器的精度来确定。此时测量值的表示应包含准确数字和存疑数字两部分。能由仪器刻度准确读出的部分称作准确数字,而仪器最小分度值以下的数值是由测量者估计的,估读的结果因人而异,因此这位数值是存在误差的,称作存疑数字。存疑数字可以反映测量仪器的精度。

如图1.4.1所示,用最小刻度为1 mm的直尺测量一物体长度,直尺显示该物体的长度在7.6 cm和7.7 cm之间,有人可能估读为7.66 cm,有人可能估读为7.67 cm,无论怎样估读7.6是确定的,即准确数字。0.06和0.07是因人而异的,是存疑数字。物理实验中把表示测量结果的数据中所有准确数字和一位存疑数字规定为有效数字。

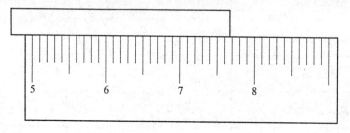

图1.4.1 有效数字示意图

对有效数字的处理应注意以下几点:

(1) 注意有效数字中0的位置

有效数字中,数值前面小数点定位用的"0"不是有效数字。数值中间的"0"和数值末尾处的"0"是有效数字。末尾的"0"不能随意舍弃。例如,在上图中,若物体长度为8.02 cm,为三位有效数字。如物体长度刚好是8 cm,则应记为8.00 cm,仍为三位有效数字。小数点后的"0"不能随意增减。不同有效数字表示的测量精度是不同的。

(2) 进行单位变换时,有效数字和小数点的位置无关

仍以上图为例,该物体读数在不同单位时分别为76.6 mm,7.66 cm,0.076 6 m,0.000 076 6 km。其有效数字都为三位,可见,单位变换不会影响有效数字的位数,只改变小数点的位置。

(3) 科学计数法表示

对于较大或较小的数值,常采用科学计数法表示。通常小数点前只有一位有效数字。例如:2 731 km可以写成2.731×10^6 m,仍是四位有效数字。

第1章 测量误差及数据处理

2. 有效数字运算法则

在求测量结果的过程中,常常有几个量参与运算,各个量的有效数字位数也不尽相同。为了尽快获得正确的运算结果而不引入新的误差,不影响结果的精确度,规定采用以下规则。

(1) 加减运算

几个数相加减,运算的结果小数点后的位数与参与运算的各数字中存疑位数最高(即小数点位数最少)者保持一致。如

$$2.2 + 5.96 + 3.472 = 11.632 = 11.6$$

$$49.3 - 21.82 = 27.48 = 27.5$$

(2) 乘除运算

几个数相乘除,运算结果的有效数字位数与参与运算的各数字中有效数字位数最少者保持一致。如

$$32.6 \times 4.083 = 133.1058 = 133$$

$$275 \div 127 = 2.165 = 2.16$$

(3) 乘方、开方

乘方或开方的结果的有效数字位数,与其底数有效数字位数保持一致。如

$$20.5^2 = 420$$

$$\sqrt{140.5} = 11.85$$

(4) 常数取法

计算中遇到非测量得到的 π、$\sqrt{2}$ 等常数,在计算过程中其所取位数应比参与运算的其他数字的有效数字多取一位。

(5) 有效数字修约法则

在不影响计算结果的前提下,为简化运算,在运算前后可以对有效数字进行修约。其修约规则如下:有效数字尾数小于5则舍;大于5则入;等于5时,若尾数的前一位是偶数,则舍去,若尾数的前一位是奇数,则入。

1.5　实验数据处理的基本方法

数据处理是物理实验的一个重要组成部分,是指从获得数据开始到得出最后结论的整个过程,包括实验数据记录、整理、计算、分析、绘制图表等。数据处理涉及的内容很多,这里介绍一些基本的数据处理方法。

1. 列表法

对一个物理量进行多次测量或研究几个量之间的关系时,面对大量的测量数据,常常把实验数据列成表格的形式。列出表格的优点是使大量数据表达清晰醒目,条理化,易于整理数据和发现问题,避免差错,同时有助于反映出物理量之间的规律性。因此,设计一个简明清晰、合理美观的数据表格,是每一个同学都应掌握的技能。

列表没有统一的格式,列表时应注意以下几点:
(1) 必须有标题,标明是哪种物理量的关系表。
(2) 表格内应记录齐全的原始数据,并正确表示测量数据的有效数字。
(3) 表格内应注明所记录的物理量的名称(符号)和单位。
(4) 表格的顺序应充分注意数据间的联系和计算顺序,力求做到简明有条理。
(5) 对于函数关系的数据表格,应使自变量按一定的顺序排列,以便于判断和处理。

【例2】 在求圆柱体体积的实验中,分别用游标卡尺和螺旋测微计测量圆柱直径和高,列表记录6次测量数据,并计算不确定度。

表 1.5.1 圆柱体 D, h 数据表

n	1	2	3	4	5	6	$\bar{x}$	U
D/mm	0.928	0.935	0.930	0.928	0.929	0.932	0.930	0.005
h/mm	4.23	4.20	4.22	4.24	4.26	4.24	4.24	0.02

2. 图解法

图线能够直观地显示出实验数据间的关系,便于找出物理规律,因此图解法是数据处理的重要方法之一。利用图解法处理数据,首先要画出合乎规范的图线,其步骤如下:

(1) 选择坐标纸

坐标纸有直角坐标纸(即毫米方格纸)、对数坐标纸和极坐标纸等,根据作图需要选择相应坐标纸。在物理实验中比较常用的是毫米方格纸。

(2) 曲线改直

由于直线最易描绘,且直线方程的斜率和截距也易于计算,所以对于两个变量之间的函数关系是非线性的情形,在用图解法处理时应尽可能通过变量代换将非线性的函数曲线转变为线性函数的直线。下面介绍几种常用的变换方法。

① $xy = c$(c 为常数)。若令 $z = \dfrac{1}{x}$,则 $y = cz$,即 y 与 z 为线性关系。

② $x = c\sqrt{y}$(c 为常数)。若令 $z = x^2$,则 $y = \dfrac{1}{c^2}z$,即 y 与 z 为线性关系。

③ $y = ax^b$(a 和 b 为常数)。方程两边取对数得,$\lg y = \lg a + b\lg x$。于是,$\lg y$ 与 $\lg x$ 为线性关系,b 为斜率,$\lg a$ 为截距。

④ $y = ae^{bx}$(a 和 b 为常数)。方程两边取自然对数得,$\ln y = \ln a + bx$。于是,$\ln y$ 与 x 为线性关系,b 为斜率,$\ln a$ 为截距。

(3) 确定坐标比例与标度

适当地选择坐标比例是做出合理图象的关键所在。作图时通常以自变量作横坐标(x 轴),因变量作纵坐标(y 轴)。坐标轴确定后,首先用粗实线在坐标纸上描出坐标轴,并注明坐标轴所代表物理量的符号和单位。

坐标比例是指坐标轴上单位长度所代表的物理量大小。坐标比例的选取应注意以下几点:

① 坐标轴上的最小分度选取应对应于实验数据的最后一位准确数字。坐标比例选得过大会损害数据的准确度。

② 坐标比例的选取应方便标记数据和读数。常采用比例为"1∶1"、"1∶2"、"1∶5"或"1∶0.1"、"1∶10"…,即使用"1、2、5"倍率单位为量值。切勿采用复杂的比例关系,如"1∶3"、"1∶7"、"1∶9"等。这样不但不易绘图,而且读数困难。坐标轴的起点不一定是零,应根据取值的需要而定。一般用小于实验数据最小值的某一整数作为坐标起点,用大于实验数据最大值的某一数据作为终点,这样做的好处是可以充分利用坐标纸。

③ 坐标比例确定后,应对坐标轴进行分度,即在坐标轴上均匀地标出所代表物理量的量值,标记所用的有效数字位数一般应与实验数据的有效数字位数相同。

(4) 数据点的标出

实验数据点在图纸上用相应符号标出。若在同一张图上作几条实验曲线,此时代表不同物理量的实验数据点应该用不同符号(如 ×、⊙ 等) 标出,以示区别。

(5) 曲线的描绘

由所描出的实验数据点为基准,借助于直尺、三角板、曲线板等工具描绘出平滑的实验曲线。根据随机误差理论,每一个测量值都存在误差,所以曲线不一定要通过所有数据点,但是要尽可能通过大部分数据点,并使实验数据均匀分布在曲线两侧,与曲线的距离尽可能小。个别偏离曲线较远的点,应检查描点是否错误,若描点无误那么该点可能是错误数据,在连线时可以不予考虑。对于仪器仪表的校准曲线和定标曲线或其他没有因果联系的两个变量的曲线,相邻两数据点之间可以用直线连接,使整个曲线呈折线状。

(6) 注解与说明

在坐标纸上要写清图线的名称、坐标比例及必要的说明,并在图纸适当的地方注明作者姓名、日期等。

(7) 图解法求经验公式及待定常数

首先求出斜率和截距,进而根据斜率和截距得出完整的线性方程。其步骤如下:

① 选点。在直线上选取两点 $A(x_1,y_1)$、$B(x_2,y_2)$,并用不同于实验数据的符号标明,在符号旁边注明其坐标值(注意有效数字)。一般紧靠实验数据两个端点取点,因为如选取的两点距离较近,计算斜率时会减少有效数字的位数。并且这两点不能在实验数据范围以外,数据范围之外的点已无实验根据。也不能直接使用原始测量数据点计算斜率。

② 求斜率。设直线方程为 $y = a + bx$,则斜率为

$$b = \frac{y_2 - y_1}{x_2 - x_1} \tag{1.5.1}$$

③ 求截距。截距的计算公式为

$$a = y_1 - bx_1 \tag{1.5.2}$$

【例3】 铜丝电阻与温度的关系可近似表示为 $R = R_0(1 + \alpha t)$,R_0 为 $t = 0\ ℃$ 时的电阻,α 为电阻的温度系数。实验数据见下表,试用图解法建立电阻与温度关系的经验公式。

表1.5.2 铜丝电阻与温度关系数据表

i	1	2	3	4	5	6	7
$t/℃$	10.5	26.0	38.3	51.0	62.8	75.5	85.7
R/Ω	10.423	10.892	11.201	11.586	12.025	12.344	12.679

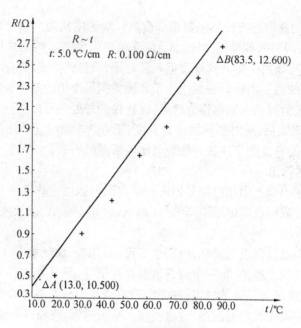

图 1.5.1　铜丝电阻与温度关系曲线

【解】温度 t 起点 $10.0\ ℃$，电阻 R 起点 $10.400\ \Omega$。比例测算，t 轴：$\dfrac{90.0-10.0}{17}=4.7$，故取为 $5.0\ ℃/\text{cm}$；R 轴：$\dfrac{12.800-10.400}{25}=0.096$，故取为 $0.100\ \Omega/\text{cm}$。对照比例选择原则知，选取的比例满足要求。所绘图线见图 1.5.1。

在图线上取两点 $A(13.0,10.500)$ 和 $B(83.5,12.600)$，斜率和截距计算如下：

$$b/(\Omega\cdot ℃^{-1})=\frac{y_2-y_1}{x_2-x_1}=\frac{12.600-10.500}{83.5-13.0}=\frac{2.100}{70.5}=0.029\ 8$$

$$R_0/\Omega=R_1-bt_1=10.500-0.029\ 8\times13.0=10.500-0.387=10.113$$

$$\alpha/℃=\frac{b}{R_0}=\frac{0.029\ 8}{10.113}=2.95\times10^{-3}$$

所以，铜丝电阻与温度的关系为

$$R/\Omega=10.113(1+2.95\times10^{-3}t)$$

3. 逐差法

当两个变量之间存在线性关系，且自变量为等差级数变化的情况下，可以采用逐差法处理数据。逐差法处理数据的好处在于既能充分利用实验数据，又能够减小误差。

在测量弹性模量的实验中，在金属丝弹性限度内，每次增加质量为 $1\ \text{kg}$ 的砝码，记录标尺读数 K_i，测得一组实验数据见表 1.5.3。

表 1.5.3　杨氏模量测量数据列表

测量次数	砝码质量/kg	弹簧伸长位置/cm
1	1.00	K_1
2	2.00	K_2
3	3.00	K_3
4	4.00	K_4
5	5.00	K_5
6	6.00	K_6
7	7.00	K_7
8	8.00	K_8

求每增加 1 kg 砝码弹簧的平均伸长量 $\overline{K}$，则

$$\overline{K} = \frac{1}{n}[(K_2 - K_1) + (K_3 - K_2) + \cdots + (K_n - K_{n-1})] = \frac{1}{n}(K_n - K_1)$$

从上式可以看出，中间的测量数据互相抵消了，只有首末两次读数对结果有贡献，相当于一次增加 7 个砝码的单次测量，失去了多次测量的好处。

为了避免这种情况，充分利用实验数据，可以采用多项间隔逐差。将上述数据分成前后两组，前一组 (x_1, x_2, x_3, x_4)，后一组 (x_5, x_6, x_7, x_8)，然后两组数据对应项相减求平均

$$\Delta \overline{K} = \frac{1}{4}[(x_5 - x_1) + (x_6 - x_2) + (x_7 - x_3) + (x_8 - x_4)]$$

这样全部测量数据都用上，保持了多次测量的优点，减少了随机误差，计算结果比前面的要准确。逐差法计算简便，特别是在检查具有线性关系的数据时，可随时"逐差验证"，及时发现数据规律或错误数据。

4. 最小二乘法

最小二乘法是将一组数据拟合出一条最佳直线的常用方法。设物理量 x 和 y 满足线性关系，其函数形式可设为

$$y = a + bx$$

最小二乘法的最终目的就是要用实验数据来确定直线的斜率和截距，即方程中的待定常数 a 和 b。

下面以最简单的情况为例进行讨论（即每个测量值都是等精度的），假设 x 和 y 中只有 y 的测量值有明显的随机误差（如果 x 和 y 均有误差，只要把误差相对较小的变量作为 x 即可）。设经实验测量得到一组数据为 $(x_i, y_i; i = 1, 2, \cdots n)$，其中 $x = x_i$ 时对应 $y = y_i$。我们将实验中不可避免的误差归结为 y_i 的测量偏差，并记为 $\varepsilon_1, \varepsilon_2, \cdots, \varepsilon_n$，如图 1.5.2 所示。将实验数据 (x_i, y_i) 代入方程 $y = a + bx$ 后，得到

$$\left.\begin{array}{r}y_1 - (a + bx_1) = \varepsilon_1 \\ y_2 - (a + bx_2) = \varepsilon_2 \\ \vdots \\ y_n - (a + bx_n) = \varepsilon_n\end{array}\right\}$$

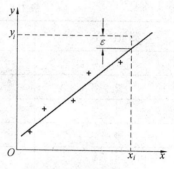

图 1.5.2　y_i 的测量偏差

在利用上面方程组确定 a 和 b 之前,我们首先了解 a 和 b 要满足什么要求。显然,理想的情况是 a 和 b 使 $\varepsilon_1,\varepsilon_2,\cdots,\varepsilon_n$ 数值都较小。但是,每次测量所存在的误差是不会相同的,反映在公式中是 $\varepsilon_1,\varepsilon_2,\cdots,\varepsilon_n$ 大小不一,而且符号也不尽相同。所以只能要求偏差总和最小,即

$$\sum_{i=1}^{n} \varepsilon_i^2 \to \min$$

令

$$S = \sum_{i=1}^{n} \varepsilon_i^2 = \sum_{i=1}^{n} (y_i - a - bx_i)^2$$

使 S 为最小的条件是

$$\frac{\partial S}{\partial a} = 0, \frac{\partial S}{\partial b} = 0, \frac{\partial^2 S}{\partial a^2} > 0, \frac{\partial^2 S}{\partial b^2} > 0$$

令一阶微商为零得

$$\left.\begin{array}{l}\dfrac{\partial S}{\partial a} = -2\sum_{i=1}^{n}(y_i - a - bx_i) = 0 \\ \dfrac{\partial S}{\partial b} = -2\sum_{i=1}^{n}(y_i - a - bx_i)x_i = 0\end{array}\right\}$$

解得

$$a = \frac{\sum_{i=1}^{n} x_i \sum_{i=1}^{n}(x_i y_i) - \sum_{i=1}^{n} x_i^2 \sum_{i=1}^{n} y_i}{\left(\sum_{i=1}^{n} x_i\right)^2 - n\sum_{i=1}^{n} x_i^2} \tag{1.5.3}$$

$$b = \frac{\sum_{i=1}^{n} x_i \sum_{i=1}^{n} y_i - n\sum_{i=1}^{n}(x_i y_i)}{\left(\sum_{i=1}^{n} x_i\right)^2 - n\sum_{i=1}^{n} x_i^2} \tag{1.5.4}$$

令 $\overline{x} = \dfrac{1}{n}\sum_{i=1}^{n} x_i, \overline{y} = \dfrac{1}{n}\sum_{i=1}^{n} y_i, \overline{x}^2 = \left(\dfrac{1}{n}\sum_{i=1}^{n} x_i\right)^2, \overline{x^2} = \dfrac{1}{n}\sum_{i=1}^{n} x_i^2, \overline{xy} = \dfrac{1}{n}\sum_{i=1}^{n}(x_i y_i)$,则

$$a = \overline{y} - b\overline{x} \tag{1.5.5}$$

$$b = \frac{\overline{x} \cdot \overline{y} - \overline{xy}}{\overline{x}^2 - \overline{x^2}} \tag{1.5.6}$$

如果在实验前已知 x 和 y 满足线性关系,那么用上述最小二乘法线性拟合(又称一元线性回归)可解得斜率 a 和截距 b,从而得出回归方程 $y = a + bx$。如果实验前不知道 x 和 y 的关系,而是要通过对 x、y 的测量来寻找经验公式,在得出回归方程后,应判断该线性回

归方程是否恰当。这可用下列相关系数 r 来判别,即

$$r = \frac{\overline{xy} - \overline{x} \cdot \overline{y}}{\sqrt{(\overline{x^2} - \overline{x}^2)(\overline{y^2} - \overline{y}^2)}} \tag{1.5.7}$$

其中 $\overline{y}^2 = \left(\frac{1}{n}\sum_{i=1}^{n} y_i\right)^2, \overline{y^2} = \frac{1}{n}\sum_{i=1}^{n} y_i^2$

经证明,$|r|$值总是在 0 和 1 之间,且$|r|$值越接近 1,说明实验数据点密集地分布在所拟合的直线的近旁,即用线性函数进行回归是合适的,如图 1.5.3 所示。当$|r|=1$时,表示变量 x、y 完全线性相关,拟合直线通过全部实验数据点;相反,$|r|$值越小线性越差,一般情况下当$|r| \geq 0.9$时,我们认为两个物理量之间存在密切的线性关系,此时用最小二乘法直线拟合有实际意义。

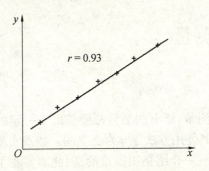 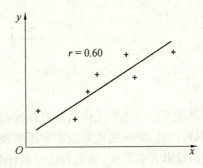

图 1.5.3　相关系数与线性关系图

第 2 章

力学实验

2.1 长度测量

引 言

物理实验的主要工作就是对各种物理量进行测量,所有的测量都要借助于一定的测量仪器,因此,掌握物理实验中常用的测量工具及其使用方法是非常必要的。物理实验中用到的仪器种类繁多,测量方法也多种多样,想要一一介绍是很困难的,因此本实验主要介绍几种基本的长度测量工具的使用。

【实验目的】

1. 学习在实验中正确读数、记录和处理数据。
2. 掌握米尺、游标卡尺和螺旋测微计的测量原理及使用方法。

【实验仪器】

米尺,游标卡尺,螺旋测微计,待测物体。

【实验原理】

1. 米尺

对于那些对准确度要求不高的测量,常用米尺进行测量。实验室一般使用钢直尺,其最小分度值为 1 mm,读数时要估读到毫米的下一位即 0.1 mm。测量时应使米尺的刻度面贴紧被测物体,读数时视线应垂直尺身,以减小测量者视线方向不同引入的视差。

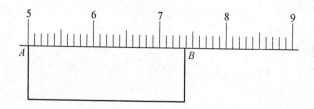

图 2.1.1 米尺读数示例

例如,用米尺测量一个物体的长度 $l = AB$。A 点位置的读数为 5.00 cm,B 点的位置读数为 7.38 cm,则物体长度 l = 7.38 - 5.00 = 2.38 cm。在读数中,5.00 cm 和 7.38 cm 的最后一位都是估读的,是欠准位。

2. 游标卡尺

游标卡尺是一种常用的测量长度的量具,它比米尺更加精确,它可以将尺身估读的那位数字准确地读出来。它可以测量物体的长、宽、高、深度等外围尺寸,以及圆环圆孔等的内径。

游标卡尺结构如图 2.1.2 所示。游标卡尺由主尺和沿尺身滑动的游标组成,内量爪 ① 测量物体内径,外量爪 ② 测量物体长度和外径,深度尺 ⑥ 测量孔的深度。锁紧螺钉 ③ 用来固定游标在尺身的位置,防止读数时游标来回移动。

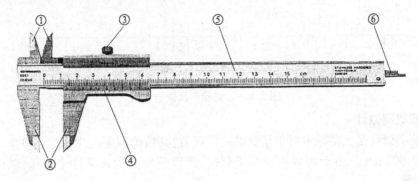

①— 内量爪　②— 外量爪　③— 锁紧螺钉　④— 游标　⑤— 主尺　⑥— 深度尺

图 2.1.2　游标卡尺

(1) 游标读数原理

游标卡尺根据其游标分度不同分为 10 分度游标卡尺、20 分度游标卡尺、50 分度游标卡尺三种。它们测量原理相同。

游标卡尺主尺上一个分格长度是 a mm,游标上共有 n 个分格,其总长度等于主尺上 $(n-1)$ 分格的长度,因此游标上每个分格的长度为

$$b = \frac{n-1}{n}a$$

那么主尺最小分度与游标的最小分度之差为

$$\delta = a - b = a - \frac{n-1}{n}a = \frac{a}{n}$$

δ 即游标卡尺的测量精度。

以 50 分度游标为例,主尺上一个分格是 1 mm,游标上 50 个分格总长度等于主尺上 49 mm 的长度,因此游标上每个分格长度为 0.98 mm,与主尺最小分度之差为 0.02 mm,即测量精度为 0.02 mm。如果从主尺和游标的 0 线对齐开始,向右移动游标,那么,当移动 0.02 mm 时,游标零刻度后的第一根刻线和主尺第一根刻线对齐,此时主尺和游标两根 0 线相距为 0.02 mm,当移动 0.04 mm 时,游标零刻度后的第二根刻线和主尺第二根刻线对齐,此时两根 0 线相距为 0.04 mm。

(2) 游标卡尺读数法则

① 从主尺上读出待测量的整数值。主尺上靠近游标 0 线左边最近的刻线值,就是待

测量的整数值;

②从游标上读出待测量的小数值。先找到游标上某根刻线与主尺某刻线对齐,再读出游标上这跟刻线是游标零刻线后的第几根刻线,用此数值乘以游标卡尺的最小分度值,就是待测量的小数值。

③将整数值和小数值相加就是待测量的值。

如图 2.1.3 所示,主尺上读出整数部分是 30 mm。游标零线后第 28 根刻线与主尺上的一根刻线对齐,故小数部分等于 28 × 0.02 = 0.56 mm。所以该测量量读数为 30 mm + 0.56 mm = 30.56 mm。

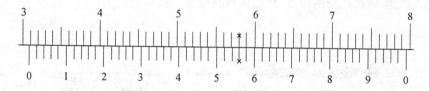

图 2.1.3　游标卡尺读数示例

3. 螺旋测微计

螺旋测微计是比游标卡尺更精密的测量仪器,其精确程度至少可达到 0.1 mm,可以估读到 0.001 mm。由于可以估读到千分位,所以螺旋测微计又称千分尺,其结构如图 2.1.4 所示。

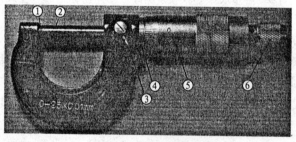

①— 测砧　②— 测微螺杆　③— 锁紧装置　④— 固定套筒　⑤— 微分筒　⑥— 微调旋钮

图 2.1.4　螺旋测微计

（1）螺旋测微计读数原理

螺旋测微计的微分筒⑤、微调旋钮⑥与测微螺杆②相连,当微分筒相对于固定套筒④转过一周时,测微螺杆前进或后退一个螺距,一个螺距为 0.5 mm。微分筒圆周上均匀分布 50 个刻度,所以微分筒上一分度对应 0.5 mm/50 = 0.01 mm,即微分筒每转过一分度,相当于测微螺杆前进或后退 0.01 mm。

（2）螺旋测微计读数法则

①从固定套筒上读出待测量的整数值。螺旋测微计的固定套筒上有上下两排刻线,下刻线为毫米刻线,上刻线为半毫米刻线。微分筒端面左边固定套筒上露出的最后的刻线值就是待测量的整数值。读整数时要注意不要忽略半毫米刻线的读数。

②从微分筒上读出待测量的小数值。读出固定套筒横线所对应的微分筒上的读数值,用此数值乘以最小分度值 0.01 就是待测物体的小数值。注意,读微分筒时,要估读到

最小分度值 0.01 mm 的十分之一,即 0.001 mm。

③ 将整数部分和小数部分相加,得到测量的数值。

如图 2.1.5 所示,图 2.1.5(a) 固定套筒毫米刻线读数为 7 mm,半毫米刻线(上刻线)没有露出,所以固定套筒读数为 7 mm,微分筒读数为 0.300 mm,所以测量值等于固定套筒读数加上微分筒读数为 7.300 mm。

图 2.1.5(b) 固定套筒毫米刻线读数为 7 mm,半毫米刻线(上刻线)露出,所以固定套筒读数为 7.5 mm,微分筒读数为 0.300 mm,所以测量值等于 7.800 mm。此时应注意,小数点后的 00 表示测量精度,不能舍弃。

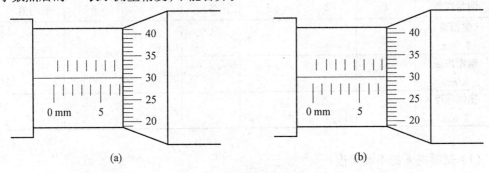

图 2.1.5 螺旋测微计读数示例

【实验内容】

1. 用米尺测量物体长、宽各六次,列表记录数据,见表 2.1.1,并计算不确定度。

表 2.1.1 米尺实验数据记录表

测量次数	1	2	3	4	5	6	平均值
物体长 x/mm							
物体宽 y/mm							

(1) 物体长 x 的不确定度

A 类:$\sigma_{x_A} = \sqrt{\dfrac{\sum\limits_{i=1}^{n}(x_i - \bar{x})^2}{n(n-1)}}$

B 类:$\sigma_{x_B} = \dfrac{\Delta_{\text{米尺}}}{\sqrt{3}}$

总不确定度 $\sigma_x = \sqrt{\sigma_{x_A}^2 + \sigma_{x_B}^2}$

结果表达式:$x = \bar{x} \pm \sigma_x$

(2) 物体宽 y 的不确定度

A 类:$\sigma_{y_A} = \sqrt{\dfrac{\sum\limits_{i=1}^{n}(y_i - \bar{y})^2}{n(n-1)}}$

B 类：$\sigma_{y_B} = \dfrac{\Delta_{\text{米尺}}}{\sqrt{3}}$

总不确定度 $\sigma_y = \sqrt{\sigma_{y_A}^2 + \sigma_{y_B}^2}$

结果表达式：$y = \bar{y} \pm \sigma_y$

2. 用游标卡尺测量物体高度、内径、深度各6次，列表记录数据，见表2.1.2，并计算不确定度。

表 2.1.2　游标卡尺实验数据记录表

测量次数	1	2	3	4	5	6	平均值
螺帽高 h/mm							
螺帽内径 a/mm							
螺帽深度 b/mm							

（1）螺帽高 h 的不确定度

A 类：$\sigma_{h_A} = \sqrt{\dfrac{\sum\limits_{i=1}^{n}(h_i - \bar{h})^2}{n(n-1)}}$

B 类：$\sigma_{h_B} = \dfrac{\Delta_{\text{仪}}}{\sqrt{3}}$

总不确定度：$\sigma_h = \sqrt{\sigma_{h_A}^2 + \sigma_{h_B}^2}$

结果表达式：$h = \bar{h} \pm \sigma_h$

（2）螺帽内径 a 的不确定度

A 类：$\sigma_{a_A} = \sqrt{\dfrac{\sum\limits_{i=1}^{n}(a_i - \bar{a})^2}{n(n-1)}}$

B 类：$\sigma_{a_B} = \dfrac{\Delta_{\text{仪}}}{\sqrt{3}}$

总不确定度 $\sigma_a = \sqrt{\sigma_{a_A}^2 + \sigma_{a_B}^2}$

结果表达式：$a = \bar{a} \pm \sigma_a$

（3）螺帽深度 b 的不确定度

A 类：$\sigma_{b_A} = \sqrt{\dfrac{\sum\limits_{i=1}^{n}(b_i - \bar{b})^2}{n(n-1)}}$

B 类：$\sigma_{b_B} = \dfrac{\Delta_{\text{仪}}}{\sqrt{3}}$

总不确定度：$\sigma_b = \sqrt{\sigma_{b_A}^2 + \sigma_{b_B}^2}$

3. 用螺旋测微计测量物体直径6次，列表记录数据，见表2.1.3，并计算不确定度。

表 2.1.3　螺旋测微计实验数据记录表

测量次数	1	2	3	4	5	6	平均值
圆柱体直径 D/mm							
钢珠直径 d/mm							

（1）圆柱体直径不确定度

A 类：$\sigma_{D_A} = \sqrt{\dfrac{\sum\limits_{i=1}^{n}(D_i - \overline{D})^2}{n(n-1)}}$

B 类：$\sigma_{D_B} = \dfrac{\Delta_{仪}}{\sqrt{3}}$

总不确定度：$\sigma_D = \sqrt{\sigma_{D_A}^2 + \sigma_{D_B}^2}$

结果表达式：$D = \overline{D} \pm \sigma_D$

（2）钢珠直径不确定度

A 类：$\sigma_{d_A} = \sqrt{\dfrac{\sum\limits_{i=1}^{n}(d_i - \overline{d})^2}{n(n-1)}}$

B 类：$\sigma_{d_B} = \dfrac{\Delta_{仪}}{\sqrt{3}}$

总不确定度：$\sigma_d = \sqrt{\sigma_{d_A}^2 + \sigma_{d_B}^2}$

结果表达式：$d = \overline{d} \pm \sigma_d$

【注意事项】

1. 使用米尺时应注意

（1）尽量减小视差，使待测物与米尺的刻度线紧贴。

（2）读数时视线应垂直尺面。

2. 使用游标卡尺时应注意

（1）测量之前检查零点。检查主尺和游标尺合拢时，二者零线是否重合。若不重合，记下此时读数，在测量结果中加以修正。

（2）不要用游标卡尺测量粗糙物体；测规则物体时，两测量面要与被测物体表面平行。

（3）测量时，移动游标切勿用力过大，轻轻夹住物体即可，用固定螺钉将游标固定后方可读数。

（4）切勿在卡口夹紧的情况下移动物体。

3. 使用螺旋测微计时应注意

（1）测量之前检查零点。检查测砧和测微螺杆合拢时，微分筒上的零线是否和固定套筒上横线重合。若不重合，记下此时读数，在测量结果中加以修正。

（2）测量时不要将测微螺杆与物体压得太紧，当测微螺杆快要接近物体时，必须使用微调旋钮调节测微螺杆，当听到打滑声时就可以读数。

（3）在测砧和测微螺杆夹紧物体的情况下，不要强行移动物体。

（4）千分尺严防磕碰。仪器用毕，应使测砧和测微螺杆保持一定空隙，防止热膨胀损坏仪器。

【思考题】

1. 有一种游标卡尺，将主尺的 19 mm 等分为游标上的 20 个刻度，这种游标卡尺的分度值是多少？写出计算过程。

2. 一个物体长度为 3 cm，若用米尺、游标卡尺、螺旋测微计测量，分别能读出几位有效数字？

2.2 声速的测量

引 言

声波是一种在弹性介质中传播的机械波，它的振动方向与传播方向一致，所以声波是纵波。声波按频率范围划分可分为：次声波、声波、超声波。频率低于 20 Hz 的声波称为次声波；频率在 20 Hz ~ 20 kHz 的声波可以被人耳听到，称为可闻声波，简称声波；频率高于 20 kHz 的声波称为超声波。声速是指声波在弹性介质中的传播速度，仅与介质性质有关，与声波频率无关。超声波具有能量高、方向性好等优点，因此在超声波段对部分声学量进行测量比较方便。一般采用超声波波段测量声速，通过对声速的测量可以获得传播介质的特性及状态变化。在气体成分分析、液体流速测量等实际应用中，声速测量都有重要意义。

在本实验中，我们主要了解超声波的物理特性及其产生机制；学会用相位法测超声波声速，并学会用逐差法处理数据；测量超声波在介质中的吸收系数及反射面的反射系数；并运用超声波检测声场分布。本实验利用共振干涉法和相位比较法测量声音在空气中传播的声速；并研究声波双缝干涉、单缝衍射及声波的反射现象，将测量结果与理论计算进行比较，从而对波动学的物理规律和基本概念有更深的理解。

【实验目的】

1. 学习超声波产生和接收原理。
2. 学习用共振干涉法测空气中的声速。
3. 学习用相位比较法测空气中的声速。

【实验仪器】

声速测定装置，正弦信号发生器，示波器。

【实验原理】
1. 超声波的有关物理知识

在弹性介质中,某质点在介质内振动,能够激发附近质点的振动。这种机械振动在介质中的传播过程称为弹性波。声波是一种在气体、液体、固体中传播的弹性波。声波按频率的高低分为次声波($f < 20$ Hz)、声波(20 Hz $\leqslant f \leqslant 20$ kHz)、超声波($f > 20$ kHz)和特超声波($f \geqslant 10$ MHz),如图 2.2.1 所示。

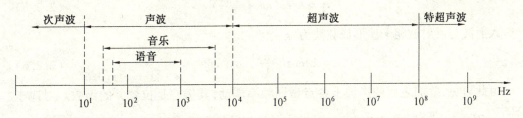

图 2.2.1 声波频谱分布图

振荡源在介质中可产生如下形式的震荡波。

横波:质点振动方向和传播方向垂直的波,它只能在固体中传播。

纵波:质点振动方向和传播方向一致的波,它能在固体、液体、气体中传播。

表面波:当材料介质受到交变应力作用时,产生沿介质表面传播的波,介质表面的质点做椭圆的振动,因此表面波只能在固体中传播且随深度的增加衰减很快。

板波:在板厚与波长相当的弹性薄板中传播的波,可分为 SH 波与兰姆波。

声波是纵波,在不同频率的声波中,超声波由于其波长短、频率高,故它有其独特的特点:绕射现象小,方向性好,能定向传播;能量较高,穿透力强,在传播过程中衰减很小,在水中可以比在空气或固体中以更高的频率传的更远,而且在液体里的衰减和吸收是比较低的;能在异质界面产生反射、折射和波形转换。

2. 理想气体中的声速值

声波在理想气体中的传播可认为是绝热过程,因此传播速度可表示为

$$v = \sqrt{\frac{\gamma RT}{\mu}} \tag{2.2.1}$$

式中 R 为气体普适常量($R = 8.314$ J/(mol·K)),γ 是气体的绝热指数(气体定压热容与定容热容之比),μ 为分子量,T 为气体的热力学温度,若以摄氏温度 t 计算,则

$$T = T_0 + t \quad T_0 = 273.15 \text{ K}$$

代入式(2.2.1) 得

$$v = \sqrt{\frac{\gamma R}{\mu}(T_0 + t)} = \sqrt{\frac{\gamma R}{\mu} T_0} \cdot \sqrt{1 + \frac{t}{T_0}} = v_0 \sqrt{1 + \frac{t}{T_0}} \tag{2.2.2}$$

对于空气介质,0 ℃时的声速 $v_0 = 331.45$ m/s。若同时考虑到空气中的蒸汽的影响,校准后声速公式为

$$v/(\text{m} \cdot \text{s}^{-1}) = 331.45 \sqrt{\left(1 + \frac{t}{T_0}\right)\left(1 + \frac{0.319 p_w}{p}\right)} \tag{2.2.3}$$

式中 p_w 为蒸汽的分压强,p 为大气压强。

3. 共振干涉法测声速

设有发射源发出的一定频率的平面声波为

$$y_1 = A\cos(\omega t - \frac{2\pi x}{\lambda}) \tag{2.2.4}$$

经过空气传播,到达接收器,如果接收面与发射面严格平行,入射波即在接收面上垂直反射,反射波为

$$y_2 = A\cos(\omega t + \frac{2\pi x}{\lambda}) \tag{2.2.5}$$

入射波与反射波相干涉形成驻波为

$$y = 2A\cos(\frac{2\pi x}{\lambda})\cos(\omega t) \tag{2.2.6}$$

由此可见,叠加之后的声波上各点做同频率震动,其振幅是位置 x 的函数。对应于 $\frac{2\pi x}{\lambda} = (2k+1)\frac{\pi}{2}, k = 0,1,2,3\cdots\cdots$ 这些点的振幅始终为零,即为波节。对应于 $\frac{2\pi x}{\lambda} = k\pi$, $k = 0,1,2,3\cdots\cdots$ 这些点的振幅始终最大,即为波腹。可见两相邻波节或波腹的距离为 $\frac{\lambda}{2}$。

因此,只要测出两相邻波节或波腹之间的距离就可以计算出波长 λ。若保持频率 ν 不变,就可以用 $v = \nu\lambda$ 计算声速。

4. 相位比较法测声速

发射波通过传声介质到达接收器,所以在同一时刻,发射处的波与接收处的波的相位不同,其相位差 φ 可利用示波器的李萨如图形来观察,如图 2.2.2 所示。φ 和角频率 ω、传播时间 t 之间有如下关系

$$\varphi = \omega t \tag{2.2.7}$$

同时有

$$\omega = 2\pi/T, t = \frac{l}{v}, \lambda = Tv \tag{2.2.8}$$

(式中 T 为周期),代入 $\lambda = Tv$ 可求得声速 v。

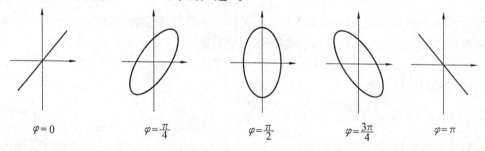

图 2.2.2 行波法相位差图

λ 的确定根据

$$\varphi = 2\pi l/\lambda \tag{2.2.9}$$

当 $l = n\lambda/2(n = 1,2,3,\cdots)$ 时,得 $\varphi = n\pi$。

实验时,通过改变发射器与接收器之间的距离,可观察到相位的变化。而当相位差改变 π 时,相应的距离 l 的改变量即为半个波长。为精确测定波长的值,在实际的操作中要连续测多个相位改变 π 的点的坐标,再用逐差法算出波长 λ 的值,根据波长和频率值可求出声速。

5. 声速测量及声波的双缝干涉与单缝衍射

声波是一种在弹性介质中传播的机械波,声速是描述声波在媒质中传播特性的一个基本物理量。在空气中,一些波动现象,不仅可以用可见光与微波演示,也可以用声波演示。在气体中,声波是纵波而不是横波,因而不出现偏振现象,这是与电磁波现象的一个重大区别,但声音所产生的几种干涉和衍射效应与电磁波干涉和衍射效应完全相似。

声波的干涉和衍射中最简单的是双缝干涉实验。实验装置如图 2.2.3 所示。对于不同的 α 角,如果从双缝到接收器的波程差是零或波长的整数倍,就会产生相长干涉,因而观察到干涉强度的极大值;当波程差是半波长的奇数倍时,干涉强度有极小值。因此,干涉强度出现极大值与极小值的条件如下

极大值:
$$d\sin\alpha = n\lambda \tag{2.2.10}$$

极小值:
$$d\sin\alpha = \left(n + \frac{1}{2}\right)\lambda \tag{2.2.11}$$

式中,n 为零或整数,d 为二个缝中心位置的距离,λ 为声音的波长。

衍射现象用超声波也可以观察到,采用 1 个单缝,如图 2.2.4 所示。当来自单缝的一半的辐射与来自另一半的辐射相差半波长奇数倍时,会产生相消干涉,因此相消干涉条件是

$$\frac{a}{2}\sin\alpha = \left(n + \frac{1}{2}\right)\lambda \tag{2.2.12}$$

式中,$n = 0,\ \pm 1,\ \pm 2\cdots\cdots$,$a$ 为单缝缝宽,α 为接收器离中心位置转过角度。

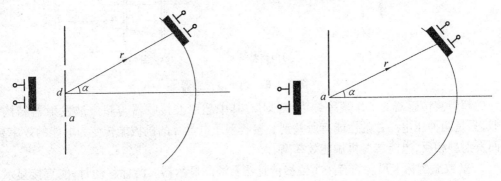

图 2.2.3　声波干涉示意图　　　　图 2.2.4　声波衍射示意图

【实验内容】

1. 实验装置简介

实验仪器主要由三部分组成:声速测定装置、正弦信号发生器和示波器。

(1) 声速测定装置如图 2.2.5 所示。

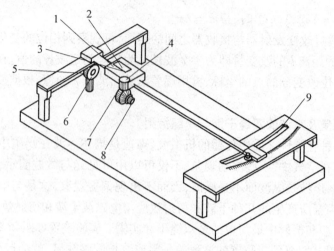

图 2.2.5　数显声速测量装置结构图

图 2.2.5 中,1 为数显游标卡尺电源开关;2 为位移显示;3 为位移显示置零;4 为位移调节;6 和 7 分别为超声发射器和超声接收器;5 和 8 分别为发射器信号输入和接收器信号输出。

(2) 声速测定装置分为三部分:超声波传感器,数显游标卡尺和正弦波发生器。

① 超声波传感器。

超声波发射器和超声波接收器统称为超声波传感器,结构如图 2.2.6 所示。

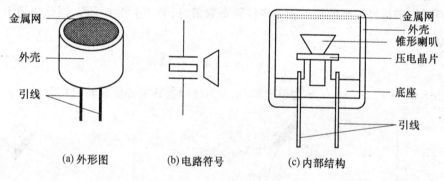

图 2.2.6　超声波传感器

超声波传感器的工作频率约为 40 kHz,其中超声波接收器与超声波发射器结构相似,只是两种压电晶片的性能有所差别。接收型压电晶片的机械能转变为电能的效率高;而发射型相反,电能转变机械能效率高。

② 数显游标卡尺。它有一个位移传感器及液晶显示器。游标移动时,能直接显示其移动距离,液晶显示器上有一个电源开关(图 2.2.5 中 1),使用时打开,使用完毕即关断。还有一置零开关(图 2.2.5 中 3),正式测量前按一下置零开关,可使当前数字置零,然后再移动游标时液晶显示器中显示的就是位移的增量值。

③ 正弦波发生器。其输出正弦波信号,频率连续可调。

在实验中,改变接收器与发射源之间的距离,记录相邻两次波节或波腹所对应的接收面的位置 S_1 和 S_2,S_1 和 S_2 之间的距离即为半波长。此距离由数显游标卡尺测得。频率 f 由信号发生器读出,由 $v = \lambda \cdot f$ 即可求得声速。

2. 操作步骤

(1) 调整测试系统的谐振频率。

① 按图 2.2.5 将实验装置接好。正弦波的频率取 40 kHz,调节接收换能器尽可能近距离,且使示波器上的电源信号为最大。

② 将两个换能器分开稍大些距离(约 5~6 cm),使接收换能器输入示波器上的电压信号为最大(近似波节位置)。再调节频率,使该信号确实为该位置极大值。

③ 细调频率,使接收器输出信号与信号发生器信号同相位。此时信号源输出频率才最终等于两个换能器的固有频率。在该频率上,换能器输出较强的超声波。

(2) 共振干涉法测声速。

① 当测得一声速极大值后,连续地移动接收端的位置,测量相继出现 20 个极大值所相应的各接收面位置 L_i。

② 用逐差法求波长值。

(3) 相位比较法测声速。

在用相位比较法时,装置连接如图 2.2.7 所示。将接收器 S_2 与示波器的 Y 轴相连,发射器 S_1 与示波器 X 轴相连,即可利用李萨如图形来观察发射波与接收波的相位差,适当调节 Y 轴和 X 轴灵敏度,就能获得比较满意的李萨如图形。对于两个同频率互相垂直的简谐振动的合成,随着两者之间相位差从 0~π 变化,其李萨如图形由斜率为正的直线变为椭圆,再由椭圆变到斜率为负的直线。每移动半个波长,就会重复出现斜率正负交替的直线图形。记录李萨如图形由椭圆变为直线时游标卡尺的读数,连续记录 20 个数据。

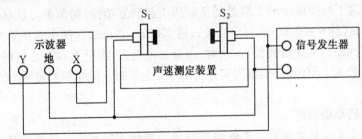

图 2.2.7 相位比较法测声速实验装置连接图

(4) 本实验温度应正确仔细地测量,并测出温度计干泡温度和湿泡温度,查表得到该状态下的 p_w 值,再测得实验室当时的气压值 p(干燥天气可不必测量 p_w 和 p)。

(5) 将上述两种方法的测量结果比较,计算相对偏差。

3. 数据记录及处理

数据记录于表 2.2.1 中。

表 2.2.1　共振干涉法测声速数据记录表

测量次数 i	位置 X_i	测量次数 i	位置 X_i	$L_i = X_{i+10} - X_i$
1		11		
2		12		
3		13		
4		14		
5		15		
6		16		
7		17		
8		18		
9		19		
10		20		

（1）计算 L_i 的平均值 $\bar{L}$ 和不确定度 $U(L)$。
（2）计算波长平均值和不确定度。
（3）计算波速平均值和不确定度。
（4）将实验得到的测量值和理论值进行比较，计算相对误差。

选做实验：（设计性实验）

1. 声波的双缝干涉

用图 2.2.3 所示双缝装置来做干涉实验。实验须满足公式（2.1.10）和公式（2.1.11）条件。为了减少由于两个缝处的衍射所引起的复杂性，简单的办法是每个缝宽度均小于 1 个波长（约 8～9 mm 为一个波长），缝宽仅 2～3 mm，而两个缝相隔为几个波长（实际使用双缝间距约为 3 倍波长）。这时，测量出主极大，次极大和极小值的位置。要观察更多极大值和极小值位置，须将固定螺丝卸下（注意卸下固定螺丝必须保管好），转动更大角度观察。

2. 声波的单缝衍射

用图 2.2.4 所示单缝装置来做观察声波的单缝衍射实验。体会声波衍射的物理含义。

将转动紧固螺丝卸下（注意螺丝和螺帽不能掉）放在纸盒内，将接收器绕轴心转动，可以观察接收信号在不同角位置时强度的变化，由公式（2.1.12）可估算一级极小值的角度。可以在满足公式（2.1.12）的条件下，观测到一级极小值。估算一下衍射是否与理论值一致，转动更大角度时，可观测到一级极大值。

【注意事项】

1. 仪器与装置连接的电缆线，不宜多拆、多接。角度固定螺丝也不宜经常卸下。
2. 数显游标卡尺使用时，应轻轻移动，移动时速度必须慢而均匀。实验结束时，应将数显部分电源关闭。

3. 搬动仪器时,不能将数显游标卡尺当手柄使用,应两手拿底板搬动装置。
4. 平时不做实验时,应用防尘罩(或布)防尘,以避免灰尘进入换能器。

【思考题】
1. 声波与光波、微波有何区别?
2. 为何在声波形成驻波时,在波节位置声压最大,因而接收器输出信号最大?
3. 在什么条件下,声波传播中的压缩与稀疏不是绝热过程?这对声速测量结果有何影响?

【附】
1. 标准大气压下声速与空气温度关系为
$$v/(\mathrm{m \cdot s^{-1}}) = 331.45 + 0.59t$$
2. 液体中的声速(见表 2.2.2)

表 2.2.2　常用液体中的声速理论值

液体	t_0/℃	$v/(\mathrm{m \cdot s^{-1}})$
海水	17	1 510 ~ 1 550
普通水	25	1 497
菜籽油	30.8	1 450
变压器油	32.5	1 425

2.3　拉伸法测量金属丝的杨氏模量

引　言

实际的固体并不是大小和形状不变的刚体,它们在受到外力作用时会发生形变,若外力撤走之后形变消失,那么这种形变称作弹性形变。物体在其弹性范围内应力与应变之比为一常数,叫弹性模量。条状或柱状物体沿纵向的弹性模量叫做杨氏模量。杨氏模量是固体材料的重要力学性质,反映了固体材料抵抗外力作用产生形变的能力,是工程设计上的重要依据。固体杨氏模量的大小与其组成结构、化学成分、加工制造方法有关。本实验采用静力学拉伸法测量金属丝的杨氏模量。

【实验目的】
1. 了解杨氏模量的物理意义和静力学拉伸法。
2. 掌握用光杠杆装置测量微小长度变化的原理和方法。
3. 学习用拉伸法测杨氏模量。
4. 学会用逐差法处理实验数据。

【实验仪器】
杨氏模量测定仪(附光杠杆),望远镜及支架,砝码,米尺,千分尺。

【实验原理】
本实验是通过对钢丝施加拉力使之伸长,通过光杠杆放大原理测量钢丝伸长量来计算杨氏模量。实验中对长为 L、横截面积为 S 粗细均匀的金属丝进行拉伸,金属丝上端固定,下端悬挂砝码,金属丝在砝码重力 F 作用下发生形变。其应力与应变之比即为杨氏模量,用 E 表示。应力是指金属丝单位截面积所受到的作用力 F/S,应变是指金属丝单位长度的相对形变 $\Delta L/L$。根据胡克定律有

$$\frac{F}{S} = E\frac{\Delta L}{L} \tag{2.3.1}$$

由式(2.3.1)可知,在截面积为 S、长度为 L 的样品上施加作用力 F,测量出伸长量 ΔL,即可由公式(2.3.1)计算出材料的杨氏模量 E,即

$$E = \frac{FL}{S\Delta L} \tag{2.3.2}$$

因一般伸长量很小,常采用光学放大法将其放大,本实验利用光杠杆放大原理测量 ΔL。

光杠杆结构如图 2.3.1 所示,一块平面圆反射镜 M 装在一个三足支架的一端,镜面角度可以调节,实验时把镜面调到竖直状态,两前足放在平台的卡槽上,实验中平台始终固定不动;后足放在管制器(参见图 2.3.2)上,当金属丝受力发生形变时,带动管制器下移,光杠杆后足随着管制器下移,引起光杠杆的反射镜面倾斜,如图 2.3.1 所示。

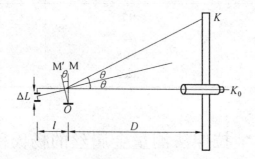

图 2.3.1 光杠杆放大原理图

初始时,调节管制器和平台高度一致,调节光杠杆反射镜镜面竖直,此时从望远镜里读到的标尺的读数为 K_0。加质量为 m 的砝码,管制器下移,下移的距离即金属丝伸长量 ΔL,光杠杆反射镜倾斜一个小角度 θ,此时从望远镜中读出标尺上的读数为 K。设反射镜面到标尺的距离为 D,光杠杆前后足的垂直距离为 l,如图 2.3.1 所示,根据图中几何关系可以得到

$$\tan\theta = \frac{\Delta L}{l} \quad \tan 2\theta = \frac{K - K_0}{D}$$

由于 θ 角很小,则有

$$\tan\theta \approx \theta = \frac{\Delta L}{l} \quad \tan 2\theta \approx 2\theta = \frac{K - K_0}{D}$$

则

$$\Delta L = \frac{(K - K_0)l}{2D} = \frac{l}{2D}\Delta K \tag{2.3.3}$$

待测量 ΔL 是个微小的量,经过光杠杆转化后的量 ΔK 是 ΔL 的 $\frac{2D}{l}$ 倍,如果 D 远大于 l,ΔK 也远大于 ΔL,这就是光杠杆的放大原理。$\frac{2D}{l}$ 就是光杠杆的放大倍数。式中 D、L、ΔK 都是可以常规测量的宏观量,比较容易测量。光杠杆的作用就是把对微小量的测量转化成对

常规的测量量的测量,它已被应用在很多精密测量仪器中。

把 ΔL 结果带入式(2.3.2)中,可以得到杨氏模量 E

$$E = \frac{8mgDL}{\pi d^2 l \Delta K} \quad (2.3.4)$$

式中,m 为使标尺读数由 K_0 变化到 K 所加砝码的质量,d 为钢丝直径,可以用螺旋测微计测量。

【实验内容】

1. 仪器简介

在实验前,首先要熟悉实验用的仪器,了解仪器的结构、各部分的作用和调节方法。

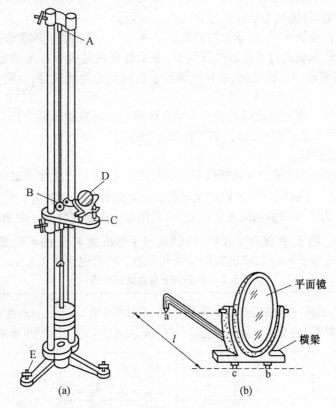

A— 上夹头　B— 管制器　C— 工作平台　D— 光杠杆反射镜　E— 调整螺钉
a— 光杠杆后足　b、c— 光杠杆前足
图 2.3.2　杨氏模量测定仪

杨氏模量测定仪结构如图 2.3.2(a)所示,三角底座上固定一支架,底座上有三个调整螺钉 E,通过调节调整螺钉可以使支架铅直,是否铅直可以由底座上的水平仪来判断。支架上部有夹具 A(上夹头),支架中部有一平台 C(工作平台),平台中间有一圆孔。待测金属丝长约 1 m,上端被支架上部夹具夹紧,金属丝中部被一个金属圆筒 B(管制器)夹紧,管制器能在平台中间的圆孔中上下移动。金属丝下面夹有砝码托盘,可在其上增加砝码,使金属丝受到拉力而产生形变。

2. 操作步骤

(1) 调节杨氏模量测定仪

① 调整杨氏模量测定仪底座上的调整螺钉，使底座上水平仪的气泡位于中心。加入1 kg 砝码，将钢丝拉直。

② 调节管制器使其顶部与工作平台上表面共面。

③ 调节光杠杆，将光杠杆的镜面与前足 b、c 平行。

④ 将光杠杆的前足放入平台前端的槽内，后走 a 放在管制器上，注意不得与钢丝相碰。此时三个足尖处于同一水平面。

(2) 调节光杠杆及镜尺组

① 调节镜尺组，将镜尺组放在距平台约 1.2 m 处。

② 调节望远镜镜筒水平，并使光杠杆镜面法线与望远镜轴线大体重合。

③ 眼睛沿镜筒轴线通过准星瞄准反射镜，看反射镜内是否有标尺的像，如果看不到标尺像，则可左右移动望远镜支架，或松开锁紧手轮调整望远镜位置，直到看到反射镜中标尺的像。

④ 调节望远镜。调节望远镜目镜使十字叉丝清晰。观察望远镜内标尺的像，通过调节调焦手轮使标尺的像清晰（可适当调节标尺上下位置）。

3. 数据记录及处理

(1) 记录初始时望远镜中叉丝横线对应的标尺读数 K_1。逐个增加砝码，每个砝码重 1 kg。记录每增加一个砝码时望远镜中叉丝横线所对应的标尺读数 K_i，然后逐个取下，记录相应读数 K'_i。为了发挥多次测量的优越性，采用逐差法处理数据。取两组对应数据 K_i 和 K'_i 的平均值 $\overline{K}_i$，将 $\overline{K}_i$ 每隔四项相减，得到相当于每次加 4 kg 的 4 次测量数据（公式 (2.3.4) 中的 m 应等于 4 kg），求出其平均值和误差。填写记录表 2.3.1。

表 2.3.1　钢丝伸长量数据记录表

实验序号	砝码质量 m/kg	加砝码读数 K_i/m	减砝码读数 K'_i/m	平均值 $\overline{K}_i$/m	光标偏移量 $\Delta \overline{K}_i = \overline{K}_{i+4} - \overline{K}_i$	标准偏差 $S_{\Delta K}$（A 类不确定度）
1					$\Delta \overline{K}_1 = \overline{K}_5 - \overline{K}_1 =$	
2					$\Delta \overline{K}_2 = \overline{K}_6 - \overline{K}_2 =$	
3					$\Delta \overline{K}_3 = \overline{K}_7 - \overline{K}_3 =$	
4					$\Delta \overline{K}_4 = \overline{K}_8 - \overline{K}_4 =$	
5						$\sqrt{\dfrac{\sum_{i=1}^{n}(\Delta K_i - \overline{\Delta K})^2}{n(n-1)}} =$
6					$\overline{\Delta K} =$	
7					$\dfrac{\Delta \overline{K}_1 + \Delta \overline{K}_2 + \Delta \overline{K}_3 + \Delta \overline{K}_4}{4} =$	
8						

$\Delta \overline{K}$ 的 B 类不确定度：

$\Delta \overline{K}$ 的总不确定度：$\sigma_{\Delta K} =$

(2) 用螺旋测微计测量钢丝不同位置的直径 d,测量 5 次,记录于表 2.3.2 中。

表 2.3.2　钢丝直径数据记录表

测量次数	1	2	3	4	5	平均值
d/mm						

d 的 A 类不确定度:

d 的 B 类不确定度:

d 的总不确定度:$\sigma_d =$

(3) 测量金属丝的长度 L、反射镜与标尺的距离 D、光杠杆的前足与后足尖的垂直距离 l,L、D、l 数值及其不确定度:

$L = \qquad \sigma_L =$

$D = \qquad \sigma_D =$

$l = \qquad \sigma_l =$

(4) 将测得的各量带入式(2.3.4),计算得到 E。并计算误差,最后把结果写成标准形式。

弹性模量:$\overline{E} = \dfrac{8mgDL}{\pi d^2 l \, \overline{\Delta K}}$

相对不确定度:$\sigma_y = \sqrt{\left(\dfrac{\sigma_D}{D}\right)^2 + \left(\dfrac{\sigma_L}{L}\right)^2 + \left(\dfrac{\sigma_l}{l}\right)^2 + \left(\dfrac{\sigma_d}{d}\right)^2 + \left(\dfrac{\sigma_{\Delta K}}{\Delta K}\right)^2} =$

不确定度:$\sigma =$

弹性模量结果的标准表示式:$E = \overline{E} \pm \sigma =$ _____ N/m^2

【注意事项】

1. 加负荷时一定不要超过钢丝的弹性限度(不超过仪器所备砝码),否则上述计算公式就不成立。

2. 被测钢丝调整好以后,一定要用锁紧螺钉将钢丝固定在钢丝夹头之中,防止钢丝偏斜与滑动。

3. 保持被测钢丝在整个实验中处于垂直状态。

4. 光杠杆和镜尺组调整好之后,整个实验过程都要保持二者位置没有任何变动。

5. 加砝码要轻取轻放,待钢丝不动时再观测数据。

6. 望远镜的调节要按照先粗后细的原则。调节目镜和调焦手轮时,要缓慢调节,避免用力过大。

7. 观测标尺时眼睛正对望远镜,不得忽高忽低引起视差。

【思考题】

1. 根据光杠杆原理,如何提高光杠杆测量微小长度变化的灵敏度?

2. 本实验为什么采用逐差法处理数据?

2.4 扭摆法测量刚体的转动惯量

引　言

刚体是指形状大小在运动过程中均不发生任何改变的研究对象。刚体和质点一样是力学研究中引入的一个理想模型。刚体的转动惯量是刚体转动时惯性大小的量度，是表明刚体特性的一个物理量，在航天、电力、机械、仪表工程制造等领域是一个重要参量，因此对于刚体转动惯量的测量具有重要的意义。转动惯性的大小取决于物体的形状、质量分布和相对于转轴的位置。如果刚体形状简单，且质量分布均匀，可以直接计算出它绕特定转轴的转动惯量。对于形状复杂，质量分布不均匀的刚体，计算将极为复杂，通常利用实验方法来测定，例如机械部件，电动机转子和枪炮的弹丸等的转动惯量。

【实验目的】
1. 了解扭摆法测量刚体转动惯量的实验原理。
2. 用扭摆测定几种不同形状刚体的转动惯量和弹簧的扭转常数，并与理论值进行比较。
3. 验证转动惯量平行轴定理。

【实验仪器】
弹簧扭摆支架，光电计时器(仪器主机)，塑料圆柱，金属圆筒，塑料球与金属细长杆等。

【实验原理】
转动惯量的测量，一般都是使刚体以一定形式运动，通过表征这种运动特征的物理量与转动惯量的关系，进行转换测量。本实验装置通过使物体作扭转摆，由摆动周期及其他参数的测定计算出物体的转动惯量。

扭摆法是利用弹性恢复力矩使刚体进行摆动的测量方法。扭摆装置的构造如图2.4.1 所示，在垂直轴1上装有一根薄片状的螺旋弹簧2，用以产生恢复力矩。在轴的上方可以装上托盘用来放置待测物体。垂直轴与支座间装有轴承，使磨擦力矩尽可能降低。图中3为水平仪，用来调节整个转动轴铅垂。

实验中，将待测物体固定在垂直轴的转盘上，人为地使待测物体连同垂直轴在水平面内转过一角度 θ，在弹簧的恢复力矩作用下物体就开始绕垂直轴做往返扭转运动。根据胡克定律，弹簧受扭转而产生的恢复力矩 M 与所转过的角度 θ 成正比，即

$$M = -K\theta \tag{2.4.1}$$

式(2.4.1)中，K 为弹簧扭转常数，式中负号的意义表示恢复力矩 M 始终与转角 θ 方向相反。根据转动定律

$$\beta = \frac{M}{J} \tag{2.4.2}$$

式(2.4.2)中，β 为角加速度，J 为物体绕转轴的转动惯量，若令 $\omega^2 = K/J$，忽略轴承的磨擦阻力矩，由式(2.4.1) 和式(2.4.2) 可得

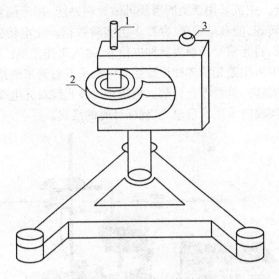

图2.4.1 扭摆装置构造图

$$\beta = \frac{d^2\theta}{dt^2} = -\frac{K\theta}{J} = -\omega^2\theta \tag{2.4.3}$$

上述方程(2.4.3)表示扭摆运动具有角简谐振动的特性,角加速度与角相移成正比,且方向相反。此方程的解为 $\theta = A\cos(\omega t + \varphi)$,式中,$A$ 为谐振动的角振幅,φ 为初相位角,ω 为角速度,此谐振动的周期为

$$T = \frac{2\pi}{\omega} = 2\pi\sqrt{J/K} \tag{2.4.4}$$

由式(2.4.4)可知,只要实验测得物体扭摆的摆动周期,并在 J 和 K 中任何一个量已知时即可计算出另一个量。

本实验用一个几何形状规则的物体,它的转动惯量可以根据它的质量和几何尺寸用理论公式直接计算得到。若两个刚体绕同一个转轴的转动惯量分别为 J_1 和 J_2,当它们被同轴固定在一起时,则总的转动惯量变为

$$J_{总} = J_1 + J_2 \tag{2.4.5}$$

式(2.4.5)称为转动惯量的叠加原理。在本实验中,知道了转动物体的转动惯量,就可算出本仪器弹簧的 K 值。反之,若知道了弹簧的 K 值,要测定其他形状物体的转动惯量,只需将待测物体安放在本仪器顶部的各种夹具上,测定其摆动周期,由公式(2.4.4)即可算出该物体绕转动轴的转动惯量。

理论分析证明,若质量为 m 的物体绕通过质心轴的转动惯量为 J_0 时,当转轴平行移动距离为 X 时,则此物体对新轴线的转动惯量变为

$$J = J_0 + mX^2 \tag{2.4.6}$$

式(2.4.6)称为转动惯量的平行轴定理。

【实验内容】

1. 仪器简介

本实验用转动惯量测试仪(图2.4.2)测量摆动周期。转动惯量测试仪包括仪器主机

和光电传感器两部分。主机采用新型的单片机做控制系统,用于测量物体转动和摆动的周期,以及旋转体的转速,能自动记录、存贮多组实验数据。光电传感器主要由红外发射管和红外接收管组成,将光信号转换为脉冲电信号,送入工作主机。因人眼无法直接观察仪器工作是否正常,但可用遮光物体往返遮挡光电探头发射光束通路,检查计时器是否开始计数和到预定周期数时,是否停止计数。为防止过强光线对光电探头的影响,光电探头不能置放在强光下,实验时采用窗帘遮光,确保计时的准确。

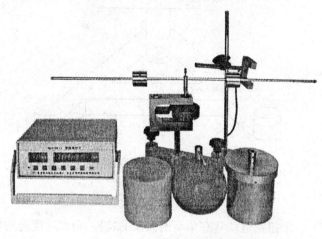

图2.4.2 转动惯量测试仪实物图

2. 设置仪器主机

(1)调节光电传感器在固定支架上的高度,使被测物体上的挡光杆能自由地往返通过光电门,再将光电传感器的信号输入线插入主机输入端。

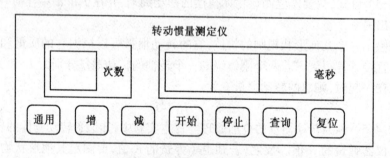

图2.4.3 转动惯量测定仪主机

(2)仪器主机如图2.4.3所示,开启主机电源,"次数"显示为10,"毫秒"显示为0,按"增"或"减"键,可增加或减少设定的测量次数(通常推荐5次左右为宜)。

(3)次数设定好之后,若按下"开始"键,即可进行周期及次数的测量(但受外力作用的那个周期,即第1个周期,不被计入)。此时"毫秒"显示数为周期的时间,"次数"显示数为周期的次数。

(4)测量次数至设定数后,"次数"停止于设定数,"毫秒"显示数为零。按下"查询"键后再按"增"键或"减"键,可查询各次测量到的数据。若在实验中途按下"停止"键,则实验停止,可用同样方法查询,获得已经测量到的数据。

(5) 每次设定次数和开始测量之前,均要按"复位"键,使仪器处于初始状态。

(6) 若接有两个光电传感器,则在"通用"状态下,可测量遮光物体通过它们之间距离的时间。

3. 测量摆动周期

(1) 调整扭摆基座底角螺丝,使水平仪的气泡位于中心。

(2) 对金属载物盘的质量和几何尺寸进行多次测量,算出其理论上的转动惯量 J_0,再把金属载物盘装在转轴支架上,并调整光电探头的位置使载物盘上的挡光杆处于其缺口中央且能遮住发射、接收红外光线的小孔,用以测定摆动周期 T_0。

(3) 测出塑料圆柱体的外径,金属圆筒的内、外径,实心球直径,金属细长杆长度及各物体质量(各测量3次)。

(4) 旋转金属载物盘,使弹簧卷转动角度在50°~90°范围内,然后释放,用仪器的测周期功能,测定摆动周期 T_0。

(5) 分别将塑料圆柱体、金属圆筒垂直固定在载物盘上,测定摆动周期 T_1 和 T_2,计算系统总的转动惯量。(在计算塑料圆柱体和金属圆筒的转动惯量时,要在系统总的转动惯量中扣除原载物盘的转动惯量)

(6) 取下载物金属盘,装上实心球,测定摆动周期 T_3。并根据公式(2.4.3)和已知的弹簧的扭转常数 K,计算实心球的转动惯量。(在计算实心球的转动惯量时,应扣除支架的转动惯量)

(7) 取下实心球,装上金属细杆(金属细杆中心必须与转轴重合),测定摆动周期 T_4。

(在计算金属细杆的转动惯量时,应扣除支架的转动惯量)

(8) 将滑块对称放置在细杆两边的凹槽内此时滑块质心离转轴的距离分别为5.00,10.00,15.00,20.00,25.00 cm,测定摆动周期 T,验证转动惯量平行轴定理。(在计算转动惯量时,应扣除支架的转动惯量)

4. 数据记录及处理

将实验数据填入表2.4.1。

【注意事项】

1. 由于弹簧的扭转常数 K 值不是固定常数,它与摆动角度略有关系,摆角在90°左右基本相同,在小角度时变小。

2. 为了降低实验时由于摆动角度变化过大带来的系统误差,在测定各种物体的摆动周期时,摆角不宜过小,摆幅也不宜变化过大。

3. 光电探头宜放置在挡光杆平衡位置处,挡光杆不能和它相接触,以免增大摩擦力矩。

4. 机座应保持水平状态。

5. 在安装待测物体时,其支架必须全部套入扭摆主轴,并将止动螺丝旋紧,否则扭摆不能正常工作。

6. 在称金属细杆与木球的质量时,必须将支架取下,否则会带来极大误差。

表 2.4.1 规则刚体转动惯量数据记录表

物体名称	质量 /kg	几何尺寸 /(10^{-2}m)	周期 /s	转动惯量理论值 /(10^{-n}kgm^2)	实验值 /(10^{-n}kgm^2)
金属载物盘+支架轴			$T_0 =$		$J_0 = \dfrac{J'_1 \overline{T_0^2}}{T_1^2 - T_0^2}$
			$\overline{T}_0 =$		
塑料圆柱		D_1	T_1	$J'_1 = m\overline{D}_1^2/8$	$J_1 = (K\overline{T}_1^2/4\pi^2) - J_0$
		$\overline{D}_1$	$\overline{T}_1$		
金属圆柱		$D_{外}$	T_2	$J'_2 = m(\overline{D}_{外}^2 + \overline{D}_{内}^2)/8$	$J_2 = (K\overline{T}_2^2/4\pi^2) - J_0$
		$\overline{D}_{外}$			
		$D_{内}$			
		$\overline{D}_{内}$	$\overline{T}_2$		
实心球		$D_{直}$	T_3	$J'_3 = m\overline{D}_{直}^2/10$	$J_3 = (K\overline{T}_3^2/4\pi^2) - J_{支座}$
		$\overline{D}_{直}$	$\overline{T}_3$		
金属细杆		L	T_4	$J'_4 = m\overline{L}^2/12$	$J_4 = (K\overline{T}_4^2/4\pi^2) - J_{夹具}$
		$\overline{L}$	$\overline{T}_4$		

【思考题】
1. 扭摆的摆动周期是否会随摆动幅度的变化而变化?
2. 验证平行轴定理时为什么要两个滑块对称放置?

【附】
木球支座转动惯量实验值参考数值:0.321×10^{-4} kgm^2(验证刚体的平行轴定理数据

记录于表 2.4.2)。

夹具转动惯量：0.215×10^{-4} kgm^2

表 2.4.2 验证刚体的平行轴定理数据记录表

$X/(10^{-2}\mathrm{m})$	5.00	10.00	15.00	20.00	25.00
摆动周期 T/s					
$\overline{T}/\mathrm{s}$					
实验值 $/(10^{-4}\mathrm{kgm}^2)$ $J = KT^2/4\pi^2$					
理论值 $/(10^{-4}\mathrm{kgm}^2)$ $J' = J_4 + 2mx^2 + J_5$					
百分差					

J_4 为金属细杆的转动惯量。

滑块的总转动惯量为 $J_5 = 2\left[\dfrac{1}{16}m_{滑块}(D_{滑块外}^2 + D_{滑块内}^2) + \dfrac{1}{12}m_{滑块}L_{滑块}^2\right] = $ _____

2.5 落球法测量液体的粘滞系数

引 言

各种液体具有不同程度的粘滞性，当液体流动时，平行于流动方向的各层流体速度都不相同，即存在着相对滑动，于是在各层之间就有摩擦力产生，这一摩擦力称为粘滞力，它的方向平行于接触面，其大小与速度梯度及接触面积成正比，比例系数 η 称为粘度，它是表征液体粘滞性强弱的重要参数。对液体粘滞性的测量是非常重要的，例如，现代医学发现，许多心血管疾病都与血液粘度的变化有关，血液粘度的增大会使流入人体器官和组织的血流量减少，血液流速减缓，使人体处于供血和供氧不足的状态，这可能引起多种心脑血管疾病和其他许多身体不适症状。因此，测量血粘度的大小是检查人体血液健康的重要标志之一。又如，石油在封闭管道中长距离输送时，其输运特性与粘滞性密切相关，因而在设计管道前，必须测量被输石油的粘度。

测量液体粘度有多种方法，本实验所采用的落球法是一种绝对法测量液体的粘度。如果一小球在粘滞液体中铅直下落，由于附着于球面的液层与周围其他液层之间存在着相对运动，因此小球受到粘滞阻力，它的大小与小球下落的速度有关。当小球作匀速运动时，测出小球下落的速度，就可以计算出液体的粘度。

【实验目的】

1. 观察物体的内摩擦现象，学会用落球法测量液体的粘滞系数。
2. 了解落球法测量液体粘滞系数的原理。

3. 掌握落球法测量液体粘滞系数的方法。

【实验仪器】

HLD – IVM – Ⅱ 型感应式落球法液体粘度测定仪、钢尺、游标卡尺、千分尺。

【实验原理】

当金属小球在粘性液体中下落时,它受到三个铅直方向的力:小球的重力 $G = mg$(m 为小球质量)、液体作用于小球的浮力 $f = \rho g V$(V 是小球体积,ρ 是液体密度)和粘滞阻力 F(其方向与小球运动方向相反)。其中粘滞力本质上是附着在小球表面的液体与邻近液面层的摩擦力。这是因为吸附在小球表明的液体层随着小球的下落而向下运动,与邻近的静止液体层发生相对运动,从而产生内摩擦力,它的作用效果相当于小球下落的阻力,如图 2.5.1 所示。

粘滞力的大小与液体各流层之间的相对运动速度有关,如果液体无限深广,在小球下落速度 v 较小情况下,有

$$F = 6\pi\eta v r \quad (2.5.1)$$

上式称为斯托克斯公式,其中 r 是小球的半径;v 为小球下落速度;η 称为液体的粘度;其单位是 Pa·s。

小球开始下落时,由于速度尚小,所以阻力也不大;但随着下落速度的增大,阻力也随之增大。最后,三个力达到平衡,即

$$mg = \rho g V + 6\pi\eta v r$$

于是,小球作匀速直线运动,由上式可得

$$\eta = \frac{(m - V\rho)g}{6\pi v r}$$

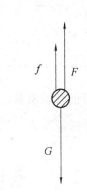

图 2.5.1 粘性液体中小球下落受力示意图

设小球的直径为 d,并用 $m = \frac{\pi}{6}d^3\rho'$,$v = \frac{l}{t}$,$r = \frac{d}{2}$ 代入上式得

$$\eta = \frac{(\rho' - \rho)gd^2 t}{18l} \quad (2.5.2)$$

其中 ρ' 为小球材料的密度,l 为小球匀速下落的距离,t 为小球下落 l 距离所用的时间。

实验时,待测液体必须盛于容器中,如图 2.5.2 所示,故不能满足无限深广的条件,必须考虑容器壁与液体相互作用对结果的影响。实验证明,若小球沿筒的中心轴线下降,式 (2.5.2) 须做如下改动方能符合实际情况:

$$\eta = \frac{(\rho' - \rho)gd^2 t}{18l} \cdot \frac{1}{(1 + 2.4\frac{d}{D})(1 + 1.6\frac{d}{H})} \quad (2.5.3)$$

其中 D 为容器内径,H 为液柱高度。公式 (2.5.3) 为实验用公式,其中小球密度 ρ' 和液体密度 ρ 在实验中直接给出,实验中的待测物理量为 d、D、l、H 和 t。利用公式计算时,式中的各物理量要采用国际单位制。

实验时小球下落速度若较大,例如气温及油温较高,钢珠从油中下落时,可能出现湍

流情况,使公式(2.5.1)不再成立,此时要作另一个修正。

为了判断是否出现湍流,可利用流体力学中一个重要参数雷诺数 $R_e = \dfrac{\rho d v}{\eta'}$ 来判断。当 R_e 不很小时,式(2.5.1)应予修正,但在实际应用落球法时,小球的运动不会处于高雷诺数状态,一般 R_e 值小于 10,故粘滞阻力 F 可近似用下式表示

$$F = 6\pi\eta'vr(1 + \frac{3}{16}R_e - \frac{19}{1080}R_e^2)$$
(2.5.4)

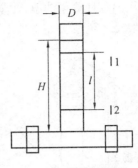

图 2.5.2　实验装置

式中 η' 表示考虑到此种修正后的粘度。因此,在各力平衡时,并顾及液体边界影响,可得

$$\eta' = \frac{(\rho' - \rho)gd^2 t}{18l} \frac{1}{(1 + 2.4\dfrac{d}{D})(1 + 3.3\dfrac{d}{2H})} \frac{1}{(1 + \dfrac{3}{16}R_e - \dfrac{19}{1080}R_e^2)} =$$

$$\eta \left(1 + \frac{3}{16}R_e - \frac{19}{1080}R_e^2\right)^{-1}$$

式中 η 即为式(2.5.3)求得的值,上式又可写为

$$\eta' = \eta \left[1 + \frac{A}{\eta'} - \frac{1}{2}\left(\frac{A}{\eta'}\right)^2\right]^{-1}$$
(2.5.5)

式中 $A = \dfrac{3}{16}\rho d v$。式(2.5.5)的实际算法如下:先将式(2.5.3)算出的 η 值作为方括弧中第二、三项的 η' 代入,于是求出答案为 η_1;再将 η_1 代入上述第二、三项中,求得 η_2;因为此两项为修正项,所以用这种方法逐步逼近可得到最后结果 η'(如果使用具有贮存代数公式功能的计算器,很快可得到答案)。一般在测得数据后,可先算出 A 和 η,然后根据 $\dfrac{A}{\eta}$ 的大小来分析。如 $\dfrac{A}{\eta}$ 在 0.5% 以下(即 R_e 很小),就不再求 η';如 $\dfrac{A}{\eta}$ 在 0.5% ~ 10% 之间,可以只作一级修正,即不考虑 $\dfrac{1}{2}\left(\dfrac{A}{\eta'}\right)^2$ 项;而 $\dfrac{A}{\eta}$ 在 10% 以上时,则应完整地计算式(2.5.5)。

【实验内容】

实验装置如图 2.5.3 所示。

1. 调整粘滞系数测定仪及实验准备。

(1) 调整底盘水平,调节底盘旋纽,使水平仪的气泡位于中心。

(2) 仪器主机背后有两个通道标示为通道Ⅰ、通道Ⅱ,将通道Ⅱ上端与装置上端链接,通道Ⅰ下端与装置下端链接,然后底线相连。

(3) 小球用乙醚、酒精混合液清洗干净,并用滤纸吸干残液,备用。

(4) 用温度计测量油温,在全部小球下落完后再测量一次油温,取平均值作为实际油温。

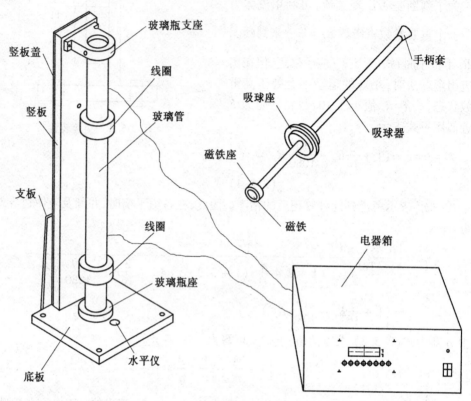

图 2.5.3　感应式落球法液体粘滞测定仪

2. 用游标卡尺测量筒的内径 D,用钢尺测量油柱深度 H。

3. 用秒表测量下落小球的速度。让小球从液面中心位置开始下落,小球经过上线圈,此时用秒表开始计时,到小球下落到下线圈时,计时停止,读出下落时间,重复测量 5 次以上。最后计算蓖麻油的粘度。

4. 用感应式测量下落小球的速度。

粘度系数测定仪面板如图 2.5.4 所示,实验时将参数设定菜单中的小球直径设置与投球的直径一样,然后按确定键开始测量。让小球从液面中心位置开始下落,小球经过上线圈,此时用秒表开始计时,到小球下落到下线圈时,计时停止,此时仪器面板显示小球经线圈下落的时间。按一下查询键显示液体的粘度系数,再按一下确定键又返回时间菜单,将测量结果与公认值进行比较。

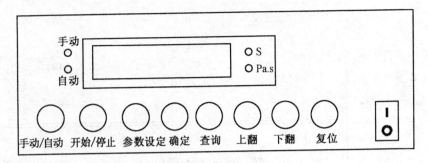

图 2.5.4　粘滞系数测定仪面板示意图

5. 数据记录及处理

将实验数据填入表 2.5.1。

表 2.5.1　粘滞系数测量数据记录表

小球编号 (i)	d/mm			l/cm			D/cm			H/cm			t/s
	d_{i1}	d_{i2}	d_{i3}	l_1	l_2	l_3	D_1	D_2	D_3	H_1	H_2	H_3	
1	$\bar{d}_1 =$												
2	$\bar{d}_2 =$												
3	$\bar{d}_3 =$												
4	$\bar{d}_4 =$												
5	$\bar{d}_5 =$												

(1) 利用公式(2.5.3)计算出待测液体的粘滞系数。

(2) 利用公式(2.5.2)计算出测量结果的不确定度。

(3) 正确表示测量结果,并与公认值进行比较。

【注意事项】

1. 在实验中不要用手触摸容器壁,以免手的热量影响液体的温度。

2. 在实验中,蓖麻油液面的高度要高于上线圈一定高度,使得小球下落至上线圈时达到匀速运动。

3. 释放小球要缓慢,尽量使得小球下落初速度为零。

【思考题】

1. 如何判断小球在作匀速运动?

第 3 章

热学实验

3.1 导热系数的测定

引 言

导热系数的大小代表了物质热传导性质好与坏。不同物质的导热系数随着其材料的结构与所含杂质等因素的不同而变化。所以,材料的导热系数一般是通过试验的方法来具体测定的。测量导热系数的试验方法可以总结为两类基本方法:一类是稳态法,用稳态法时,先用热源对测试样品进行加热,并在样品内部形成稳定的温度分布,然后进行测量;另一类为动态法,在动态法中,待测样品中的温度分布是随时间变化的,例如按周期性变化等。

【实验目的】
1. 掌握热电偶温度计定标的方法。
2. 利用物体的散热速率求待测物体的热导率。

【实验仪器】
"铜-康铜"热电偶,保温杯,PBF-2 热导率测试仪(可直接用数字电压表或 UJ-36 直流电位差计代替)。

【实验原理】

导热是物体相互接触时,由高温部分向低温部分传播热量的过程。当温度的变化只是沿着一个方向(设 Z 方向)进行的时候,热传导的基本公式可写为

$$dQ = -\lambda \left(\frac{dT}{dz}\right) z_0 dS \cdot dt \tag{3.1.1}$$

它表示在 dt 时间内通过 dS 面的热量为 dQ,dT/dz 为温度梯度,λ 为热导率,它的大小由物体本身的物理性质决定,单位为 $W/(m \cdot K)$,它是表征物质导热性能大小的物理量,式中负号表示热量传递向着降低的方向进行。

在图 3.1.1 中,B 为待测物,它的上下表面分别和上下铝盘接触,热量由高温铝盘 A 通过待测物 B 向低温铝盘传递,若 B 很薄,则通过 B 侧面向周围环境的散热量可以忽略不

计,视热量沿着垂直待测圆板 B 的方向传递。那么,在稳定导热(即温度场中各点的温度不随时间而变)的情况下,在 Δt 时间内,通过面积为 S、厚度为 h 的匀质板的热量为

$$\Delta Q = - \lambda \frac{\Delta T}{h} S \cdot \Delta t \qquad (3.1.2)$$

ΔT 表示匀质圆板两板面的恒定温差。若把上式写成

$$\frac{\Delta Q}{\Delta t} = - \lambda \frac{\Delta T}{h} S \qquad (3.1.3)$$

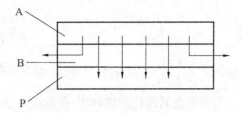

A— 加热铝盘　B— 待测盘　P— 散热铝盘
（箭头方向为散热方向）
图 3.1.1　物体散热原理图

的形式,那么 $\Delta Q/\Delta t$ 便为待测物的导热速率。只要知道了导热速率,由式(3.1.3)即可求出 λ。下面我们来求 $\Delta Q/\Delta t$。

实验中,使上铝盘 A 和下铝盘 P 分别达到恒定温度 T_1、T_2,并设 $T_1 > T_2$。即热量由上而下传递,通过下铝盘 P 向周围散热。因为 T_1 和 T_2 不变,所以,通过 B 的热量就等于 P 向周围散发的热量,即 B 的导热速率等于 P 的散热速率。因此,只要求出了 P 在温度 T_2 时的散热速率,就求出了 B 的导热速率 $\Delta Q/\Delta t$。

因为 P 的上表面和 B 的下表面接触,所以 P 的散热面积只有下表面面积和侧面积之和,设为 $S_{部}$。而实验中冷却曲线是 P 全部裸露于空气中测出来的,即在 P 的下表面和侧面都散热的情况下记录出来的。设其全部表面积为 $S_{全}$,根据散热速率与散热面积成正比的关系得

$$\frac{\left(\frac{\Delta Q}{\Delta t}\right)_{部}}{\left(\frac{\Delta Q}{\Delta t}\right)_{全}} = \frac{S_{部}}{S_{全}} \qquad (3.1.4)$$

式中,$(\Delta Q/\Delta t)_{部}$ 为 $S_{部}$ 面积的散热速率,$(\Delta Q/\Delta t)_{全}$ 为 $S_{全}$ 面积的散热速率,而散热速率 $(\Delta Q/\Delta t)_{部}$ 就等于式(3.1.3)中的导热速率 $\Delta Q/\Delta t$,这样式(3.1.3)便可记为

$$\left(\frac{\Delta Q}{\Delta t}\right)_{部} = - \lambda \frac{\Delta T}{h} \cdot S \qquad (3.1.5)$$

设下铝盘直径为 D,厚度为 δ,那么有

$$S_{部} = \pi \left(\frac{D}{2}\right)^2 + \pi D \delta$$

$$S_{全} = 2\pi \left(\frac{D}{2}\right)^2 + \pi D \delta \qquad (3.1.6)$$

由比热容的基本定义 $c = \Delta Q/m \cdot \Delta T'$,得 $\Delta Q = cm\Delta T'$,故

$$\left(\frac{\Delta Q}{\Delta t}\right)_{全} = \frac{cm\Delta T'}{\Delta t} \qquad (3.1.7)$$

将式(3.1.6)、(3.1.7)两式代入式(3.1.4),得

$$\left(\frac{\Delta Q}{\Delta t}\right)_{部} = \frac{D + 4\delta}{2D + 4\delta} cmK \qquad (3.1.8)$$

将式(3.1.8)代入式(3.1.5)得

$$\lambda = \frac{-cmKh(D+4\delta)}{\frac{1}{2}\pi D^2(T_1-T_2)(D+2\delta)} \tag{3.1.9}$$

式中，$K=\dfrac{\Delta T}{\Delta t}\bigg|_{T=T_2}$ 为散热速率，m 为下铝盘的质量，c 为下铝盘的比热容。

若测金属圆柱的热导率，按前面的分析，可用如下公式

$$\lambda = mc\frac{\Delta T}{\Delta t}\bigg|_{T=T_3} \cdot \frac{h}{T_1-T_2} \cdot \frac{1}{\pi R^2} \tag{3.1.10}$$

式中，R 为待测金属圆柱的半径。

【实验内容】

用游标卡尺多次测量下铝盘的直径 D、厚度 δ 和待测物厚度 h，然后取平均值。下铝盘的质量 m 由天平称出，其比热容参考值 $c=0.88\times10^3$ J/kg·℃。

安置圆筒、圆盘时，须使放置热电偶的洞孔与保温杯同一侧。热电偶插入铝盘上的小孔时，要抹上些硅脂，并插到洞孔底部，使热电偶测温端与铝盘接触良好，热电偶冷端插在冰水混合物中（或直接接低温实验仪提供冷端的热电偶，并使温度控制在 0 ℃）

1. 手动控制稳态

手动控制稳态法时，要使温度稳定约 1 h 左右，为缩短时间，可先将热板电源电压打在高挡，几分钟后，$T_1=4.00$ mV 即可将开关拨至低挡，待 T_1 降至 3.5 mV 左右时，通过手动调节电热板电压高挡、低挡及断电挡，使 T_1 读数在 ±0.03 mV 范围内，同时每隔 2 min 记下样品上、下圆盘 A 和 P 的温度 T_1 和 T_2 的数值，待 T_2 的数值在 10 min 内不变即可认为已达到稳定状态，记下此时的 T_1 和 T_2 值。

测金属的热导率时，T_1、T_2 值为稳态时金属样品上下两个面的温度，此时散热盘 P 的温度为 T_3。因此测量 P 盘的冷却速率应为：$\dfrac{\Delta T}{\Delta t}\bigg|_{T=T_3}$。$\lambda$ 的计算公式为

$$\lambda = mc\frac{\Delta T}{\Delta t}\bigg|_{T=T_3} \cdot \frac{h}{T_1-T_2} \cdot \frac{1}{\pi R^2}$$

测 T_3 值时要在 T_1、T_2 达到稳定时，将上面测 T_1 或 T_2 的热电偶移下来进行测量。

圆筒发热体盘侧面和散热盘 P 侧面，都有供安插热电偶的小孔，安放发热盘时此二小孔都应与保温杯在同一侧，以免线路错乱，热电偶插入小孔时，要抹上些硅脂，并插到洞孔底部，保证接触良好，热电偶冷端浸于冰水混合物中。

样品圆盘 B 和散热盘 P 的几何尺寸，可用游标卡尺多次测量取平均值。散热盘的质量可用药物天平称量。

2. 自动控制稳态

在采用 PID 自动控温时，可连续在 50℃、60℃、70℃、80℃、90℃、100℃ 时使得在各点 T_1、T_2 值稳定不变（准稳定状态）。记录稳态时各温点 T_1、T_2 值后。照上述方法移去圆筒，让下铝盘自然冷却。每隔 10～20 s 读一次下铝盘的温度示值，并求 50 ℃、60 ℃、70 ℃、80 ℃、90 ℃、100 ℃ 时各 T_2 温点的下铝盘冷却速率，代入公式进而得到样品在以上不同温度下的热导率。

本实验选用铜－康铜热电偶测温度，温差 100℃ 时，其温差电动势约 4.0 mV，故应配

用量程 0 ~ 20 mV,并能读到 0.01 mV 的数字电压表(数字电压表前端采用自稳零放大器,故无须调零,也可用灵敏电流计串联一电阻箱来替代)。

由于热电偶冷端温度为 0℃,对一定材料的热电偶而言,当温度变化范围不大时,其温差电动势(mV)与待测温度(℃)的比值是一个常数。由此,在用式(3.1.9)计算时,可以直接以电动势值代表温度值。

实验数据记录于表 3.1.1 ~ 3.1.3 中。表 3.1.4 为铜 – 康铜热电偶分度表。

表 3.1.1　盘的有关数据测量

名　　称		1	2	3	4	5	平均值
样品盘	厚度/m						
	直径/m						
散热盘	厚度/m						
	直径/m						
	质量/kg						

表 3.1.2　样品盘被加热趋近稳态时,其上下表面温度测量(温差电动势/mV) 测量间隔 2 min

测量次数	1	2	3	4	5	6	稳态
上表面							U_{T_1}/mV
下表面							U_{T_2}/mV

表 3.1.3　自动控制状态各温点 T_1、T_2

温度/℃	50	60	70	80	90	100
T_1/mV						
T_2/mV						

表 3.1.4　铜 – 康铜热电偶分度表(参考端温度为 0℃)

温度/℃	温差电动势/mV									
	0	1	2	3	4	5	6	7	8	9
0	0.00	0.039	0.078	0.117	0.156	0.195	0.234	0.273	0.312	0.351
10	0.319	0.430	0.470	0.510	0.549	0.589	0.629	0.699	0.709	0.749
20	0.789	0.830	0.870	0.911	0.951	0.992	1.032	1.073	1.114	1.155
30	1.196	1.237	1.279	1.320	1.361	1.403	1.444	1.486	1.528	1.569
40	1.611	1.653	1.695	1.738	1.780	1.822	1.865	1.907	1.950	1.922
50	2.035	2.078	2.121	2.164	2.207	2.250	2.294	2.337	2.380	2.424

续表 3.1.4

温度/℃	温差电动势/mV									
	0	1	2	3	4	5	6	7	8	9
60	2.467	2.511	2.555	2.599	2.643	2.687	2.731	2.775	2.819	2.864
70	2.908	2.953	2.997	3.042	3.087	3.131	3.176	3.221	3.266	3.312
80	3.357	3.402	3.447	3.493	3.538	3.584	3.630	3.676	3.721	3.767
90	3.813	3.859	3.906	3.952	3.988	4.044	4.091	4.137	4.184	4.231
100	4.277	4.324	4.371	4.418	4.465	4.512	4.559	4.607	4.654	4.701
110	4.749	4.796	4.844	4.891	4.939	4.987	5.035	5.083	5.131	5.179
120	5.227	5.275	5.324	5.372	5.420	5.469	5.517	5.566	5.615	5.663
130	5.172	5.761	5.810	5.859	5.908	5.957	6.007	6.056	6.105	6.155
140	6.204	6.254	6.303	6.353	6.403	6.452	6.502	6.552	6.602	6.652

【注意事项】

1. 使用前将加热盘与散热盘表面擦干净。样品两端面擦净，可涂上少量硅油，以保证接触良好。注意，样品不能连续做试验，特别是橡皮、牛筋必须在室温中降温半小时以上才能做下一次试验。

2. 在实验过程中，如若移开电热板，需先关闭电源。移开热圆筒时，手应拿住固定轴转动，以免烫伤手。

3. 实验结束后，切断电源，保管好测量样品。不要使样品两端划伤，以免影响实验的精度。数字电压表数字出现不稳定时先查热电偶及各个环节的接触是否良好。

4. 仪器在搬运及放置时，应避免强烈振动和受到撞击。

5. 仪器长时间不使用时，请套上塑料袋，防止潮湿空气长期与仪器接触。房间内空气湿度应小于 80%。

6. 仪器使用时，应避免周围有强烈磁场源的地方。

7. 长期放置不用后再次使用时，先加电预热 30 min 后使用。

【思考题】

1. 本实验整个过程是否必须使用风扇？能否自然散热？如果不能，请说明原因；如果能，实验应该如何改进，公式应该怎样修改？

2. 本实验在讨论 P 盘的散热时，为什么没有考虑 P 盘上表面的散热？

3.2 热电偶定标

引 言

热电偶的重要应用是测量温度。它是把非电学量(温度)转化成电学量(电动势)来测量的一个实际例子。热电偶在冶金、化工生产中用于高、低温的测量,在科学研究、自动控制过程中作为温度传感器,具有非常广泛的应用。

用热电偶测温度具有许多优点,如测温范围宽(-200 ℃ ~ 20 000 ℃),测量灵敏度和准确度较高,结构简单不易损坏等。此外,由于热电偶的热容量小,受热点也可做得很小,因而对温度变化响应快,对测量对象的状态影响小,可以用于温度场的实时测量和监控。

【实验目的】

1. 学习使用毫伏表测定温差电动势及热电偶工作原理。
2. 掌握热电偶定标曲线的绘制规则。
3. 学习用热电偶设计温度计。

【实验仪器】

HLD - SYD - II 型热电偶定标实验仪。

【实验原理】

1. 温差电效应

在物理测量中,经常将非电学量,如温度、时间、长度等转换为电学量进行测量,这种方法叫做非电量的电测法。将其他物理量转化成电学量进行测量,不仅测量方便、迅速,而且可提高测量精度并可以实现远程测量。热电偶是利用温差电效应制作的测温元件,在温度测量与控制中有广泛的应用。本实验是研究一给定热电偶的温差电动势与温度的关系。

如果用 A、B 两种不同的金属(例如铜和康铜)构成一闭合电路,并使两衔接处处于不同温度,如图 3.2.1 所示,则电路中将产生温差电动势,并且有温差电流流过,这种现象称为温差电效应。其中 A、B 为两种不同金属(例如铜和康铜);C 为两金属连接点,其温度设为 t;D 为两金属另一连接点,其温度设为 t_0,并且有 $t > t_0$。

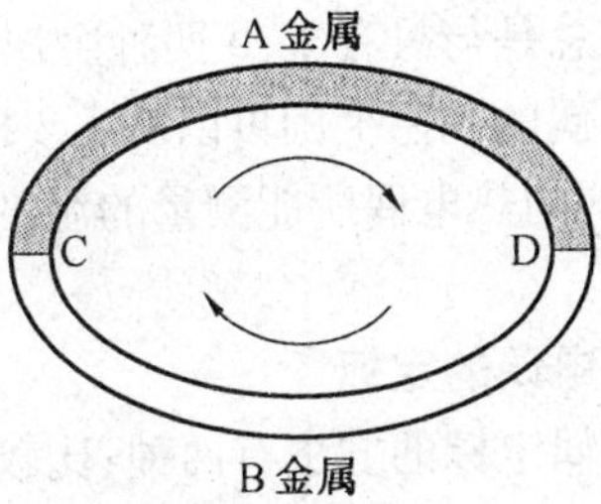

图 3.2.1 温差电效应

2. 热电偶

两种不同金属串接在一起,其两端可以和仪器相连进行测温(图 3.2.2)的元件称为温差电偶,也叫热电偶。热电偶的温差电动势与两衔接处温度之间的关系比较复杂,但是在较小温差范围内可以近似认为温差电动势 E_t 与温度差 $(t - t_0)$ 成正比,即

$$E_t = C(t - t_0) \tag{3.2.1}$$

式中，t 为热端的温度，t_0 为冷端的温度，C 称为温差系数（或称热电偶常量），单位为 $\mu V \cdot ℃^{-1}$，它表示两衔接处的温度相差 1℃ 时所产生的电动势，其大小取决于组成热电偶材料的性质，即

$$C = (k/e)\ln(n_{OA}/n_{OB}) \tag{3.2.2}$$

式中 k 为玻耳兹曼常量，e 为电子电量，n_{OA} 和 n_{OB} 为两种金属单位体积内的自由电子数目。

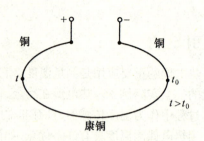

图 3.2.2 铜-康铜热电偶

如图 3.2.3 所示，A、B 为两种不同金属，M 为测量仪器，热电偶与测量仪器有两种连接方式：

（a）金属 B 的两端分别和金属 A 焊接，测量仪器 M 插入 A 线中间（或者插入 B 线中间）。

（b）A、B 的一端焊接，另一端和测量仪器连接。

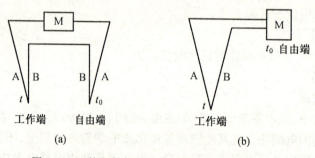

图 3.2.3 热电偶与测量仪器有两种连接方式

在使用热电偶时，总要将热电偶接入电势差计或数字电压表，这样除了构成热电偶的两种金属外，必将有第三种金属接入热电偶电路中，理论上可以证明，在 A、B 两种金属之间插入任何一种金属 C，只要维持它和 A、B 的联接点在同一个温度，这个闭合电路中的温差电动势总是与只有 A、B 两种金属组成的热电偶中的温差电动势一样。

热电偶的测温范围可以从 4.2 K（-268.95 ℃）的深低温直至 2 800 ℃ 的高温。必须注意，不同的热电偶所能测量的温度范围各不相同，要根据不同的测量对象合理选择相应的热电偶。

3. 热电偶的定标

热电偶定标的方法有两种：比较法和固定点法。

（1）比较法

用被校热电偶与一标准组分的热电偶去测同一温度，测得一组数据，其中被校热电偶测得的温差电动势即由标准热电偶所测的温差电动势所校准，在被校热电偶的使用范围内改变不同的温度，进行逐点校准，就可得到被校热电偶的一条校准曲线。

（2）固定点法

利用几种合适的纯物质在一定气压下(一般是标准大气压),将这些纯物质的沸点或熔点温度作为已知温度,测出热电偶在这些温度下对应的电动势,从而得到电动势与温度关系曲线,这就是所求的校准曲线。

4. 热电偶的冷端补偿

由热电偶测温原理已经知道,只有当热电偶的冷端温度保持不变时,温差电动势才是被测温度的单值函数。在实际应用时,往往由于热电偶的热端与冷端离得很近,冷端又暴露于空间,容易受到周围环境温度波动的影响,因而冷端温度难以保持恒定。为此常采用下述冷端温度补偿或处理方法。

(1) 冰浴法

在实验室条件下常将热电偶冷端置于冰点恒温槽中,使冷端温度恒定在 0 ℃ 时进行测温,这种方法称为冰浴法。测量时将热电偶的冷端插入冰点恒温槽,如图 3.2.4 所示。温度显示或测量仪表可以看作铜导线,而且铜导线与热电偶的热电极相接的两接点温度均在 0 ℃。根据中间导体定律,可以认为图 3.2.4(b) 与 (c) 的线路等效。

(2) 用毫伏计测量温差电动势

热电偶所产生的温差电动势除了前面讲到的用电位差计测量外,还有一种比较简单的测量方法,即采用高灵敏度的毫伏计来测量。毫伏计的优点是结构简单,坚固耐用,价格便宜。图 3.2.5 示出了这种测量电路。

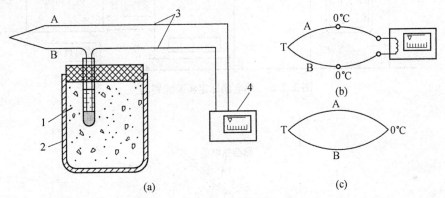

1— 冰水混合物　2— 容器　3— 热电偶　4— 测量仪器　A、B— 为两种不同金属

图 3.2.4　冰浴法接线图

磁电式毫伏计的测量机构主要由可动部分与永久磁铁组成。可动部分的框架(非磁性材料)上绕有一个多匝线圈,当仪表与热电偶接通,线圈内有电流通过时,由于永久磁铁的磁场和线圈所产生磁场的相互作用而产生转动力矩,因而可动部分发生偏转,直到游丝所产生的反力矩与之相等才获得新的平衡。可动部分装有指针,因而可将被测温差电动势值在刻度盘上指示出来。

【实验内容】

1. 热电偶标定实验(测量标定热电偶 E – t 曲线)

将热电偶插入加热井中,另一端放入冰水混合物中。把热电偶输出接入毫伏表输入端,热电偶的标定实验线路图如图 3.2.6 所示(注:毫伏表选择 20 mV 挡)。分别设置温度

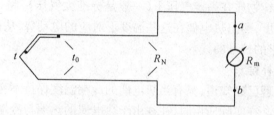

图 3.2.5　毫伏计测热电势测量电路

为 30,35……110 ℃ 时,测出标定热电偶的温差电动势并将数据填入表 3.2.1 中,然后查表得到标准热电偶温差电动势并将数据填入表 3.2.1。根据所测数据及所查数据,分别绘出标定热电偶及标准热电偶 $E-t$ 曲线,如图 3.2.7 所示。

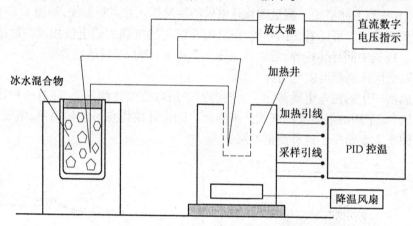

图 3.2.6　热电偶标定实验线路图

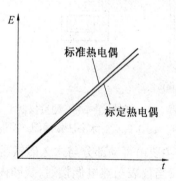

图 3.2.7　$E-t$ 曲线

将试验数据填到表 3.2.1 中,其中标定热电势为测量值,而标准热电偶热电势可查表得出。

表 3.2.1　热电偶温度计标定表

序号	温度/℃	标定热电偶热电势/mV	标准热电偶热电势/mV
1	30		
2	35		
3	40		
4	45		
5	50		
6	55		
7	60		
8	65		
9	70		
10	75		
11	80		
12	85		
13	90		
14	95		
15	100		
16	105		
17	110		

2. 热电偶温度计设计实验(测量热电偶 E - t 曲线)

将热电偶插入加热井中,另一端放在环境温度中。把 PID 控温设置到 110 ℃。先调节 R_{W1} 和 R_{W2},将毫伏表放大后的输出(此时将毫伏表选择 200 mV 挡)调节为原来的 30 倍。再将 PID 温度降到 30 ℃ 以下(可以开启风扇快速降温),分别在温度为 30,40,…,110 ℃ 时,测出热电偶温度计的温差电动势并将数据填入表 3.2.2 中,根据所测数据绘出热电偶 E - t 曲线。

表 3.2.2　热电偶温度计设计实验表

序号	标定温度/℃	热电偶温度计热电势/mV
1	30	
2	40	
3	50	
4	60	
5	70	

续表 3.2.2

序号	标定温度 /℃	热电偶温度计热电势 /mV
6	80	
7	90	
8	100	
9	110	

【注意事项】
1. 热电偶的冷端和热端要慢慢地放入和拔出铜管。
2. 加热时不允许快速加热。

【思考题】
1. 热电偶是用什么原理测量温度的？
2. 如果实验中热电偶"冷端"不放在冰水混合物中而是放在室温中，对实验结果有什么影响？

3.3 空气比热容比测定

引　言

由于气体自身性质不同，气体有不同的比热容。气体的比热容最重要的有两种：C_V——气体的定容比热容；C_P——气体的定压比热容。

C_V 的定义是：0.001 kg 气体在等容过程中温度升高 1 ℃ 所需要的热量。C_P 的定义是 0.001 kg 气体在等压过程中温度升高 1 ℃ 所需要的热量。等压过程中要对外做功，所以定压比热容 C_P 大于定容比热容 C_V。C_V 和 C_P 都是温度的函数，但当随机过程所涉及的温度范围不大时，二者均可以看成常数。因此，比热容比 $\gamma = C_P/C_V$ 也可以看做是常数。由于 $C_P > C_V$，故 $\gamma > 1$。

气体的定压比热容 C_P 用实验方法可以测量得十分精确，而定容比热容 C_V 由于技术上的原因，一般不能用实验方法直接测量。但是，如果我们用实验测量了 C_P 和 γ 值，则气体的定容比热容 C_V 也就获得了。所以，测量 γ 值是获得 C_V 的一个重要方法。因此 γ 值的测量对研究气体的内能和气体分子内部运动规律都很重要。一般有两种测量空气比热容比的方法：一种是用绝热膨胀法测空气比热容比，绝热膨胀法是常用的一种测量空气比热容比的方法；另一种是振动法测定空气的比热容比，振动法是通过测定物体在特定容器中的振动周期来计算 γ 值，是一种较新颖的测量气体比热容比的方法。

【实验目的】
1. 用绝热膨胀法或振动法测定空气的比热容比。
2. 观测热力学过程中状态变化及基本物理规律。
3. 学习气体压力传感器和电流型集成温度传感器的工作原理。

【实验仪器】

YJ – NCD – III 空气比热容比综合实验仪(图3.3.1),实验装置,数字温度计实验模板(图3.3.2),光电门,YJ – HMJ – I 数字毫秒计。

【实验原理】

1. 数字式温度计

(1)集成温度传感器将温敏晶体管与相应的辅助电路集成在同一芯片上,它能直接给出正比于绝对温度的理想线性输出,一般用于 – 50 ℃ 到 + 150 ℃ 之间温度测量,温敏晶体管是利用晶体管的集电极电流恒定时,晶体管的基极 – 发射极电压与温度成线性关系。为克服温敏晶体管生产时 V_b 的离散性,均采用了特殊的差分电路。集成温度传感器有电压型和电流型二种,电流输出型集成温度传感器,在一定温度下,它相当于一个恒流源。因此它具有不易受接触电阻、引线电阻、电压噪声的干扰,具有很好的线性特性。

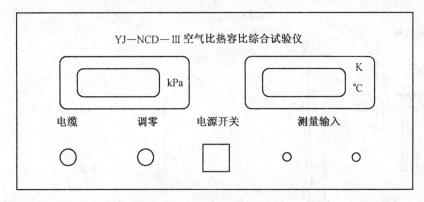

图 3.3.1　YJ – NCD – III 空气比热容比综合实验仪面板图

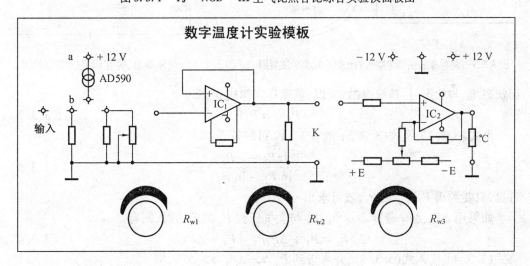

图 3.3.2　数字温度计实验模板图

(2)AD590 的工作电源范围 + 4 ~ + 30 V,在终端使用一只取样电阻(一般为 10 kΩ),即可实现电流到电压的转换。测量精度比电压型的高,其灵敏度为 1 μA/kΩ。

(3)如果 AD590 集成温度传感器的灵敏度不是严格的 1.000 μA/℃,而是略有差异,可改变取样电阻的阻值,使数字式温度计的测量误差减小。

(4) 绝对温标跟摄氏温标的转换:$T(K) = 273.2 + t(℃)$。

2. 绝热膨胀法测定空气的比热容比

图 3.3.3 为实验仪器装置图。若以比大气压 P_a 稍高的压力 P_1 向容器内压入适量的空气,并以与外部环境温度 T_1 相等之单位质量的气体体积(称为比体积或比容)作为 V_1,用图 3.3.4 中的 Ⅰ(P_1, V_1, T_1) 表示这一状态。然后急速打开阀门,即令其绝热膨胀,降至大气压力 P_a,并以 Ⅱ(P_2, V_2, T_2) 表示该状态。由于是绝热膨胀,$T_2 < T_1$,所以,若再迅速关闭阀门并放置一段时间,则系统将从外界吸收热量且温度升高至 T_1;因为吸热过程中体积(比容)V_2 不变,所以压力将随之增加为 P_3;即系统又变至状态 Ⅲ(P_3, V_2, T_1)。因状态 Ⅰ 至状态 Ⅱ 的变化是绝热的,故满足泊松公式

$$P_1 V_1^{\gamma} = P_a V_2^{\gamma} \tag{3.3.1}$$

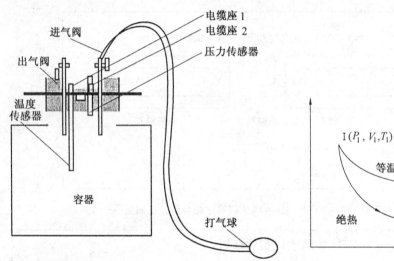

图 3.3.3 绝热膨胀法测定空气的比热容比实验装置图　　图 3.3.4 气体等温、等容和绝热变化曲线

而状态 Ⅲ 与状态 Ⅰ 是等温的,所以,玻意耳定律成立,即

$$P_1 V_1 = P_3 V_2 \tag{3.3.2}$$

由式(3.3.1)及式(3.3.2)消去 V_1、V_2 可解得

$$\gamma = \frac{\ln P_1 - \ln P_a}{\ln P_1 - \ln P_3} \tag{3.3.3}$$

可见,只要测得 P_1、P_a 及 P_3,就可求出 γ。

如果用 ΔP_1、ΔP_3 分别表示 P_1、P_3 与大气压强 P_a 的差值时,则有

$$P_1 = P_A + \Delta P_1 \quad P_3 = P_a + \Delta P_3 \tag{3.3.4}$$

将式(3.3.4)代入式(3.3.3),并考虑到 $P_a \gg \Delta P_1 \gg \Delta P_3$,则

$$\ln P_1 - \ln P_a = \ln \frac{P_1}{P_a} = \ln\left(1 + \frac{\Delta P_1}{P_a}\right) \approx \frac{\Delta P_1}{P_a}$$

及

$$\ln P_1 - \ln P_3 = (\ln P_1 - \ln P_a) - (\ln P_3 - \ln P_a)$$

所以

$$\gamma = \Delta P_1 / (\Delta P_1 - \Delta P_3) \tag{3.3.5}$$

同样,只要测得实验过程中 P_1、P_3 与 P_a 的压力差 ΔP_1 和 ΔP_3,即可通过式(3.3.5)求出空气的比热容比 γ。

3. 振动法测定空气的比热容比

实验装置如图 3.3.5 所示,振动物体小球的直径比细管直径略小,它能在管中上下移动,细管的截面积为 A,气体由进气阀注入到容器中,容器的容积为 V,小球的质量为 m,半径为 r,当容器内压力 P 满足下面条件时,小球处于力平衡状态,这时 $P = P_a + \dfrac{mg}{A}$,式中 P_a 为大气压强。为了补偿由于空气阻尼引起振动物体振幅的衰减,通过进气阀注入一个小气压的气流。在精密的细管中央开设有一个小孔,当振动物体处于小孔下方的半个振动周期时,注入气体使容器的内压力增大,引起物体向上移动;而当物体处于小孔上方的半个振动周期时,容器内的气体将通过小孔流出,使物体下沉。以后重复上述过程,只要适当控制注入气体的流量,物体能在细管的小孔上下作简谐振动,振动周期可利用光电计时装置来测得。

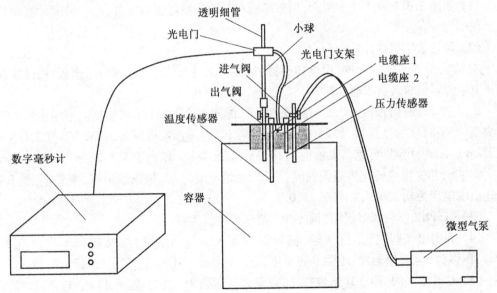

图 3.3.5 振动法测定空气的比热容比实验装置图

若物体偏离平衡位置一定距离 x,则容器内的压强变化 dP,物体的运动方程为

$$m\frac{d^2 x}{dt^2} = -A dP \tag{3.3.6}$$

因为物体振动过程相当快,所以可以看作绝热过程,绝热方程

$$PV^\gamma = 常数 \tag{3.3.7}$$

于是有

$$m\frac{d^2 x}{dt^2} = -\frac{\gamma p A^2}{V}x, \quad T = 2\pi\sqrt{\frac{mV}{\gamma P A^2}} \tag{3.3.8}$$

或比热容比

$$\gamma = \frac{4\pi^2 mV}{PA^2T^2} \tag{3.3.9}$$

式中各量均可方便测得,因而可算出 γ 值。由气体运动学可以知道,γ 值与气体分子的自由度有关,对单原子气体(如氩)只有三个平均自由度,双原子气体(如氢)除上述3个平均自由度外还有2个转动自由度。对多原子气体,则具有3个转动自由度,比热容比 γ 与自由度 f 的关系为 $\gamma = \frac{f+2}{f}$。理论上得出

单原子气体(Ar,He)　　$f = 3$　　$\gamma = 1.67$
双原子气体(N_2,H_2,O_2)　　$f = 5$　　$\gamma = 1.40$
多原子气体(CO_2,CH_4)　　$f = 6$　　$\gamma = 1.33$

且与温度无关。

【实验内容】

1. 绝热膨胀法测定空气的比热容比。

(1) 如图 3.3.1 ~ 3.3.3 所示,用电缆线和导线连接好实验装置、数字温度计实验模板和仪器面板。

(2) 设计数字温度计。

① 放大器调零:将 AD590 温度传感器引线接入实验模板,把电源引入模板,用连接线短接 IC_1 的同相输入端和地。调节 R_{w2} 使放大器输出为 0。

② 去掉 IC_1 的同相输入端的短路线,将 IC_1 的同相输入端与 b 点短接。室温由 0.1 ℃ 的温度计测得(实验室提供,如25.0 ℃),则此时 IC_1 的输出端电压为 2.732 V + 0.250 V = 2.982 V。AD590 温度传感器灵敏度是 10 mV/K,2.982 V 相当于 323.2 K。

③ 将开尔文温度转化为摄氏温度:将 IC_1 的输出端与 IC_2 输入端短接,调节 R_{w3} 使 IC_2 的输出端电压为 0.250 V,相当于 25.0 ℃。

(3) 打开出气阀:调节仪器"调零钮"使压强差值为零。

(4) 关闭出气阀,挤压打气球,向容器内压入适量的空气(压强差值不应超过 15 kPa),压强为 P_1,观察温度、压强差的变化,记录此状态 Ⅰ (P_1, V_1, T_1) 的 ΔP_1、T_1 值。

(5) 打开出气阀,即令其绝热膨胀,降至大气压强 P_a,变为状态 Ⅱ (P_a, V_2, T_2),由于是绝热膨胀,$T_2 < T_1$,再迅速关闭阀门并放置一段时间,则系统温度将升至 T_1,压强将随之增加为 P_3,其状态为 Ⅲ (P_3, V_2, T_1),记录此状态时 ΔP_3 和 T_1 值。

(注:打开出气阀放气时,当听到放气声将结束时应迅速关闭出气阀)

(6) 根据式(3.3.5),即可求出空气的比热容比。

(7) 复重以上步骤,进行多次测量(如 5 次或 10 次) 求平均值。

2. 振动法测定空气的比热容比。

(1) 如图 3.3.4 所示,拔掉打气球连接好微型气泵,将装有钢球的细管插入出气阀,将光电门置于细管的小孔附近。

(2) 打开进气阀、出气阀,接通气泵电源,待储气瓶内注入一定压力的气体后,玻璃管中的钢球离开弹簧,向管子上方移动,此时应调节好进气的大小,使钢球在玻璃管中以小

孔为中心上下振动,振幅约为 1 ~ 2 cm。

(3) 接通数字毫秒计的电源及光电接收装置与计时仪器的连接。打开毫秒计,反复按"功能"键至"周期"指示灯亮,按压"转换"键预置测量次数为 50 次,如需设置其他次数,可连续按"转换"调至所需次数,然后再按"功能"键开始计时,显示数字逐一减少至 0,显示屏显示的数字为小球振动 50 次所需的时间 t。重复测量 5 次。计算振动周期 $T(T = t/50)$。

(4) 用游标卡尺和物理天平分别测出细管的内径 d 和小球的质量 m,(细管的内径 d = 10.20 mm;m = 4.130 g)。

(5) 测量容器的容积为 $V(V = 0.008\ 840\ m^3)$。

(6) 求 $P = P_a + mg/A$ ($P_a = 1.013 \times 10^5$ Pa, $A = 8.16 \times 10^{-5}\ m^2$)。

(7) 求空气比热容比

$$\gamma = \frac{4\pi^2 mV}{PA^2 T^2} \tag{3.3.10}$$

(8) 将测量数据填写到表 3.3.1 中。

表 3.3.1 小球周期记录表

测量次数	1	2	3	4	5	平均值
50 周期时间 t/s						
1 周期时间 T/s						
m/kg						
d/m						

将实验仪适当加温,以保证实验正常进行。

3. 装有钢球的玻璃管上端有一白色护套,防止实验时气流过大,导致钢球冲出。如需测钢球的质量应先拨出护套,待测量完毕,钢球放入后,仍需套入护套。

4. 若不计时或停止计时,可能是光电门位置放置不正确,造成钢球上下振动时未挡光,或者是外界光线过强,需适当挡光。

5. 本实验容器的容积约为 0.008 840 m³(以实际标称值为准)。

【注意事项】

1. 数字毫秒计时精密仪器,在使用时如果发生故障,要及时与教师反映,不得自行随意乱按。

2. 在组装和拆卸仪器时,要注意保护玻璃管,以免玻璃管损坏造成人员受伤。

3. 在调节气泵、打开入气口和出气口时(尤其是出气口)要缓慢而均匀,否则小刚球瞬时间受力过大容易将玻璃管上端白色小帽撞飞。

【思考题】

1. 试验中玻璃管上的小孔有何用途?
2. 玻璃管不严格垂直是否影响实验?

第 4 章

电磁学实验

4.1 示波器的使用

引 言

示波器是一种用来显示和观测电信号的电子测量仪器,它利用被测信号产生的电场对示波管中电子运动的影响来反映被测信号电压的瞬变过程。由于电子惯性小,荷质比大,因此示波器具有较宽的频率响应,可以观察变化极快的电压瞬变过程。同时,配合各种传感器,把非电量转化为电量,还可以测量压力、应变、振动、声、光、热等非电信号,示波器不仅能测量信号的大小,还能测量信号的周期、相位、频率等多种参数,因此,示波器是科学实验和工程技术中应用十分广泛的一种信号测量仪器。

示波器可分为模拟式和数字式两大类,示波器出现后大半个世纪,模拟示波器一直占主导地位,并且至今在国内外广泛应用。

【实验目的】
1. 了解示波器的基本工作原理。
2. 掌握示波器的基本使用方法。
3. 掌握函数信号发生器的基本使用方法。
4. 调节正弦交流信号波形,测量信号周期及电压峰值。
5. 观察李萨如图形,测量正弦信号频率。

【实验仪器】
WB4328 二踪示波器,信号发生器,连接线。

【实验原理】
1. 示波器的结构及工作原理

示波器由 5 个部分组成,如图 4.1.1 所示:示波管、扫描发生器、同步电路、电压放大器、电源。

(1)示波管

示波管作为示波器的核心,用来显示被测信号的波形,它是一个成喇叭形被抽成高真

第4章 电磁学实验

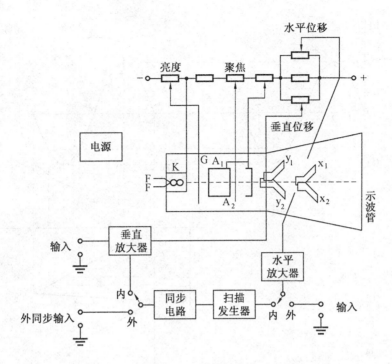

图 4.1.1 示波器原理图

空的玻璃泡。内部按其功能可分为三部分,前端的喇叭口壁上涂有荧光物质,构成荧光屏,中间是由两块相互垂直的偏转板构成的偏转系统,后端为电子枪。

当接通电源时,在示波管后面的阴极 K 受灯丝 F 加热而发射电子,这些电子受带正高压的加速阳极 A_1 加速,并经由 A_1、A_2 组成的聚焦系统,形成一束很细的高速电子流到达荧光屏,电子激发荧光屏上的荧光物质发光,产生亮点。光点的大小取决于 A_1、A_2 组成的电子透镜的聚焦;改变 A_2 相对 A_1 的电位,可以改变电子透镜的焦距,使其正好聚焦在荧光屏上,成为一个很小的亮点,因此,调节 A_2 的电位,为"聚焦"调节;在控制栅极 G 上加相对于阴极为负的电压,调节其高低控制通过栅极的电子流强度,使荧光屏上光迹的亮度(也称辉度)发生变化,因此,调节栅极的电位称为"辉度"调节。

示波管内装有两对互相垂直的平行板(x_1、x_2 和 y_1、y_2),如在竖直方向的偏转板 y_1、y_2 上加周期变化的电压,电子束通过时由于受到电场力的作用而上下偏转,在荧光屏上就可以看到一根竖直的亮线;同理,在水平方向的平行板 x_1、x_2 上加周期变化的电压,也可以看到一根水平亮线。可见,在这两对平行板上加变化的电压能使运动的电子束发生偏转。

2. 扫描与同步(也称作"电平")的作用

若将正弦变化的信号只加在 y_1、y_2 偏转板上,荧光屏上将显示一条竖直亮线,而看不到正弦变化。如果同时在 x_1、x_2 偏转板上加一与时间成正比增加的线性电压,电子束在作上下运动的同时,还必须作自左向右的匀速运动,这样,将在荧光屏上扫描出正弦曲线,如图 4.1.2 所示。

实际上加在水平偏转板上的信号是如图 4.1.3 所示的"锯齿波",它的特点是在一个周期内电压与时间成正比,达到最大值后瞬间回零。由于锯齿波的存在,光点沿 x 轴正向

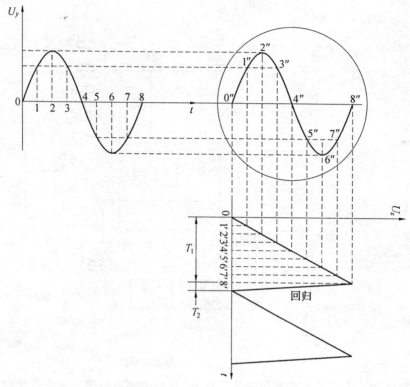

图 4.1.2　示波器波形合成原理图

匀速移动到最大值后,又迅速回跳到起始点,再重复 x 轴正向匀速移动,则在荧光屏上的光迹必将与第一次波形重合,当重复频率足够高时,由于荧光屏的余辉与人眼的视觉暂留作用,在荧光屏上可以看到稳定的波形,此过程称为"扫描"。产生锯齿波电压的电路称为锯齿波发生器,它能根据需要产生不同频率的锯齿波电压。

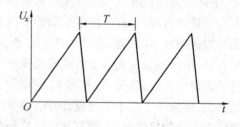

图 4.1.3　锯齿波波形图

如锯齿波电压周期是加在 y_1、y_2 偏转板上正弦波电压周期的两倍,则在荧光屏上显现两个正弦波;如是 3 倍,则显现 3 个正弦波,依此类推。要使荧光屏上显示出完整而稳定的波形,其条件是扫描电压的周期必须是加在 y_1、y_2 偏转板上信号电压周期的整数倍,

$$N = \frac{T_x}{T_y} = \frac{f_y}{f_x}(N=0,1,2,3,\cdots) \tag{4.1.1}$$

若扫描信号周期不是待测信号周期的整数倍,则每次扫描所得波形不会完全重合,此时从荧光屏上看到的将不是稳定的波形。为此,在示波器上专门设置一种电路,控制扫描电压的频率 f_x,使 f_x 随着被观测信号的频率 f_y 变化,即用 Y 轴信号频率 f_y 去控制扫描发生器的频率 f_x,使之始终满足整数倍的关系,此作用称为"同步"。使用示波器的关键,就是调节扫描电压的频率,使之与信号频率之间成整数倍关系,并加上"同步"作用,迫使这种

关系保持稳定。

3. 电压放大系统的作用

要使光点在荧光屏上偏转一定的距离,必须在偏转板上加足够的电压。由于一般示波管的灵敏度不高,偏转 1 cm 需要几十伏的电压,而被测信号的电压一般又较低,只有几伏、几毫伏,甚至更低,这样为了使电子束在荧光屏上产生明显的偏移,需要对待测信号进行放大。

两组偏转板均不加电压时电子束应轰击在荧光屏中央,扫描出来的波形只能从中间向右侧扫描,即只能在显示屏的右半边有波形。为使波形能够在显示屏上移动,必须在两个方向均加上偏置电压(负电压),使其扫描的起点位置发生变化,从而达到移动波形的目的,在示波器面板上用水平位移和垂直位移旋钮来实现。

双踪扫描是利用高速电子开关来实现的。高速电子开关实际上是一个自动的快速的单刀双掷开关,它把输入的两个 Y 输入端(CH1 通道和 CH2 通道)的信号轮换送入 Y 轴放大器,在荧光屏上的两个不同位置轮流显示信号。轮换速度足够快时,由于荧光屏的余辉与人眼的视觉暂留作用,就可以在荧光屏上同时观察到两个信号波形。

4. 示波器的总体构造和使用方法

示波器前面板如图 4.1.4,后面板如图 4.1.5。

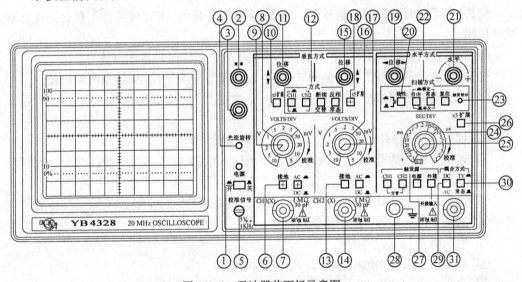

图 4.1.4 示波器前面板示意图

①"电源开关"(POWER)。示波器的主电源开关,当此开关按下时,开关上方的指示灯亮表示已接通。

②"辉度"(INTEN)。控制光点和扫线的亮度,顺时针旋转亮度增大。

③"聚焦"(FOCUS)。用以调节示波管电子束的焦点,使显示的点或扫线聚成最清晰。

④"光迹旋转"(TRACE ROTATION)。用来调整水平扫线平行于刻度线。

⑤"探极校准信号"(PROBE ADJUST)。该输出端供给频率 1 kHz,校准电压 $0.5V_{p-p}$ 的正方波,用以校准 Y 轴偏转系数和扫描时间系数。

⑥"耦合方式"(AC GND DC)。垂直通道1的输入耦合方式选择。AC:信号中直流分量被隔开,用以观察信号的交流成分;DC:信号与仪器通道直接耦合,当需要观察信号的直流分量或被测信号的频率较低时应选用此方式;GND 输入端处于接地状态,用以确定输入端为零电位时光迹所在位置。

⑦"通道1输入插座 CH1"。双功能端口,在常规使用时为垂直通道1的输入端,当仪器工作在 X-Y 方式时为水平轴信号输入端。

⑧"通道1电压"(VOLTS/DIV)。选择垂直轴的偏转系数,从 5 mV/div ~ 10 V/div 分11个挡级调整,可根据被测信号的电压幅度选择合适的挡级。

⑨"电压微调"(VARIABLE)。用以连续调节垂直轴的偏转因数,调节范围≥2.5 倍,该旋钮顺时针旋足时为校准位置,此时可根据"VOLTS/DIV"开关度盘位置和屏幕显示幅度读取该信号的电压值。

⑩"通道扩展开关"(PULL×5)。按此开关,增益扩展5倍。

⑪"垂直位移"(POSITION)。用以调节光点或扫线在垂直方向的位移。

⑫"垂直方式"(MODE)。选择垂直系统的工作方式。

CH1:只显示 CH1 通道的信号。

CH2:只显示 CH2 通道的信号。

交替:用于同时观察两路信号,此时两路信号交替显示,该方式适合于在扫描速度较快时使用。

断续:两路信号断续工作,适合于在扫描速度较慢时同时观察两路信号。

叠加:用于显示两路信号相加的结果,当 CH2 极性开关被按下时,则两路相减。

CH2 反相:此按键未按下时,CH2 的信号为常态显示,按下此键时,CH2 的信号被反相。

⑬"耦合方式"(AC GND DC)。作用于 CH2,功能同⑥。

⑭"通道2输入插座 CH2"。垂直通道2的输入端口,在 X-Y 方式时,作为 Y 轴输入口。

⑮"垂直位移"(POSITION)。用以调节光迹在垂直方向的位置。

⑯"通道2电压微调"功能同⑧。

⑰"电压微调"。功能同⑨。

⑱"通道2扩展"。功能同⑩。

⑲"水平位移"(POSITION)。用以调节光迹在水平方向的位置。

⑳"极性"(SLOPE)。用以选择被测信号在上升沿或下降沿触发扫描。

㉑"电平"(LEVEL)。用以调节被测信号在变化至某一电平时触发扫描。

㉒"扫描方式"(SWEEP MODE)。选择产生扫描的方式。

自动(AUTO):当无触发信号输入时,屏幕上显示扫描光迹,一旦有触发信号输入,电路自动转换为触发扫描状态,调节电平可使波形稳定地显示在屏幕上,此方式适合观察频率在 50 Hz 以上的信号。

常态(NORM):无信号输入时,屏幕上无光迹显示,有信号输入时,且触发电平旋钮在合适位置上,电路被触发扫描,当被测信号频率低于 50 Hz 时,必须选择该方式。

锁定:仪器工作在锁定状态后,无需调节电平即可使波形稳定地显示在屏幕上。

单次:用于产生单次扫描,进入单次状态后,按动复位键,电路工作在单次扫描方式,扫描电路处于等待状态,当触发信号输入时,扫描只产生一次,下次扫描需再次按动复位键。

㉓"触发指示"(TRIG'D READY)。当仪器工作在非单次扫描方式时,该灯表示扫描电路工作在被触发状态,当仪器工作在单次扫描方式时,该灯亮表示扫描电路在准备状态,此时若有信号输入将产生一次扫描,指示灯随之熄灭。

㉔"时间"(SEC/DIV)。根据被测信号的频率高低,选择合适的挡级。当扫速"微调"置校准位置时,可根据读盘的位置和波形在水平轴的距离读出被测信号的时间参数。

㉕"时间微调"(VARIABLE)。用于连续调节扫描速率,调节范围≥2.5倍。顺时针旋足为校准位置。

㉖"扫描扩展开关"(×5)。按此开关,水平速率扩展5倍。

㉗"触发源"(TRIGGER SOURCE)。用于选择不同的触发源。

CH1:在双踪显示时,触发信号来自CH1通道,单踪显示时,触发信号则来自被显示的通道。

CH2:在双踪显示时,触发信号来自CH2通道,单踪显示时,触发信号则来自被显示的通道。

交替:在双踪交替显示时,触发信号交替来自于两个Y通道,此方式用于同时观察两路不相关的信号。

电源:触发信号来自于市电。

㉘"⊥"。外接:触发信号来自于触发输入端口。机壳接地端。

㉙"AC/DC"。外触发信号的耦合方式,当选择外触发源,且信号频率很低时,应将开关置于DC位置。

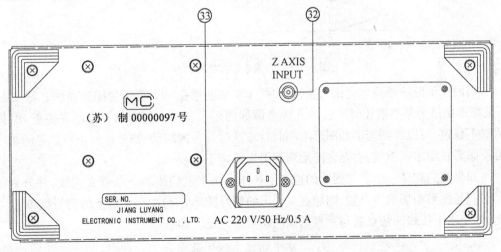

图4.1.5 示波器后面板示意图

㉚"常态/TV"(NORM/TV)。一般测量时此开关置于常态位置,当需要观察电视信号时,应将此开关置于TV位置。

㉛"外触发输入"(EXT INPUT)。当选择外触发方式时,触发信号由此端口输入。
㉜"Z轴输入"。亮度调制信号输入端口。
㉝带保险丝的电源插座,仪器电源进线插口。

5. 示波器使用李萨如图形

当 x 轴上输入扫描锯齿波电压信号时,锯齿波电压信号"模拟"了时间这个概念,示波器显示的是 y 轴输入信号的瞬变过程。如果在示波器的 x 轴与 y 轴上输入的都是正弦电压信号,这时在荧光屏上看到的将是两个相互垂直的正弦运动的合成,我们称之为李萨如图形。图 4.1.6 描绘出了一个频率相近的两个正弦信号合成的李萨如图形。

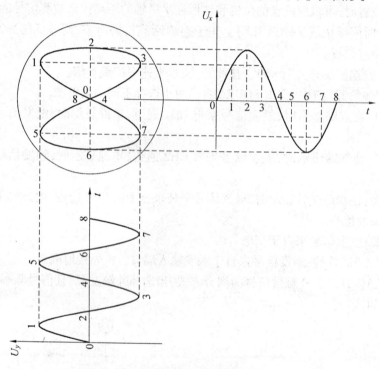

图 4.1.6　合成李萨如图形原理

当两个正弦信号频率之比为整数比时,李萨如图形是一个稳定的闭合曲线。图 4.1.7 是频率比值为某整数比时形成的几种李萨如图形。若两个信号的频率不是整数比,则图形不稳定,可以看到李萨如图形沿顺时针或逆时针方向转动,调节已知正弦信号的频率可使图形转动越来越慢,直至在图形观察屏上稳定下来。

如果我们在某一李萨如图形的边缘上各作一条水平切线和一条垂直切线,并分别读出它们与图形相切的切点数,则加在 y 轴上的信号频率 f_y 与加在 x 轴上的信号频率 f_x 之比,等于水平切线的切点数与垂直切线的切点数之比。即

$$\frac{f_y}{f_x} = \frac{\text{水平切线上的切数点}}{\text{垂直切线上的切数点}} \tag{4.1.2}$$

如果这两个信号频率中有一个是已知的,那么,由李萨如图形即可求出另一个信号的未知频率。

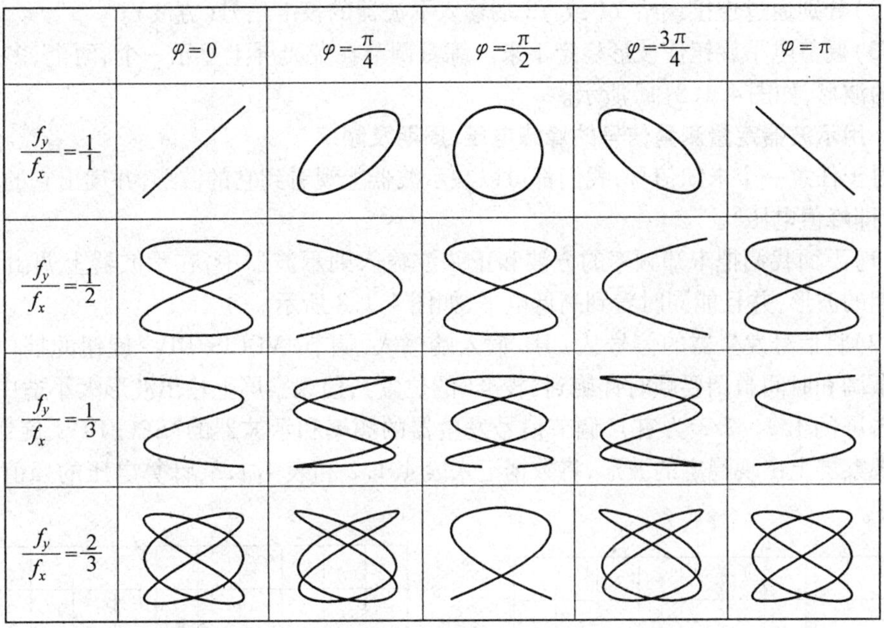

	$\varphi=0$	$\varphi=\dfrac{\pi}{4}$	$\varphi=\dfrac{\pi}{2}$	$\varphi=\dfrac{3\pi}{4}$	$\varphi=\pi$
$\dfrac{f_y}{f_x}=\dfrac{1}{1}$					
$\dfrac{f_y}{f_x}=\dfrac{1}{2}$					
$\dfrac{f_y}{f_x}=\dfrac{1}{3}$					
$\dfrac{f_y}{f_x}=\dfrac{2}{3}$					

图 4.1.7　频率比为整数的几种李萨如图形

【实验内容及步骤】

1. 认识并调节示波器

把示波器各有关控件置于表 4.1.1 所示位置。

表 4.1.1　控件位置表

控件名称	代号	作用位置
辉度	2	居中
聚焦	3	居中
位移	11/15/19	居中
垂直方式	12	CH1(或 CH2)
电压	8/16	0.1 V
微调	9/17	顺时针旋转到底
输入耦合	29	DC
扫描方式	22	自动
极性	20	+
时间	24	0.5 ms
触发源	27	CH1(或 CH2)
耦合方式	30	AC 常态

(1) 接通电源,电源指示灯亮。调节辉度、聚焦旋钮使光迹亮度适中、清晰。

(2)分别通过连接线给 Y1 或 Y2 端输入示波器的校准信号(方波)。

(3)调节电平旋钮使波形稳定下来。练习调节在荧光屏上显示一个、两个、多个完整周期的波形,如图 4.1.8(a)所示。

2. 用示波器定量测量信号的峰峰电压、周期及频率

对于任意一个未知信号,我们都可以在示波器上观看到它的波形,并读出它的周期和幅度(即峰值电压)。

(1)下面我们把未知频率的方波和正弦波输入到示波器中,在示波器上调出大于一个周期的波形,并且能同时看到高低电平,如图 4.1.8 所示。

(2)将信号发生器的信号从 CH1 输入端输入,调节"VOCIS/DIV"旋钮的挡位(注意电压微调和时间微调要顺时针旋到"校准"的位置),使观察屏上输出波形大小适中(波形大小占屏的 1/2 ~ 2/3 为宜),调节信号发生器的频率和示波器的"SEC/DIV"旋钮,使示波器观察屏上出现稳定的波形,将数据记入表 4.1.2 和表 4.1.3,计算电压的峰值 V_{P-P} 和周期 T。

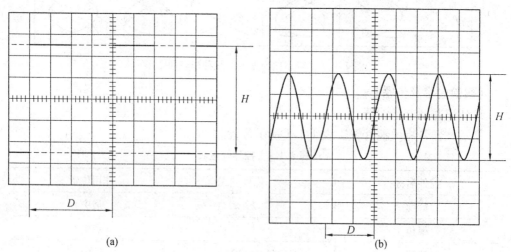

图 4.1.8 示波器上波形图

表 4.1.2 电压峰峰值记录表

波形	垂直方向的偏转幅度(H)/cm	垂直方向偏转因数/(V·cm^{-1})	探极的衰减倍率
方波			
正弦波			

峰值电压:V_{P-P} = 垂直偏转幅度(H)×垂直偏转电压×探极衰减倍率

对于交流电压:$V_{有效值} = \dfrac{V_{P-P}}{2\sqrt{2}}$

表 4.1.3　周期记录表

波形	水平方向的偏转幅度(D)/cm	扫描时间(τ)/s·cm^{-1}	周期(T)/s	频率
方波				
正弦波				

周期=水平方向的偏转幅度×扫描时间

(3)频率测量。根据周期测量方法,测出信号的周期。信号的频率 f 可由下式计算

$$f/\text{Hz} = \frac{1}{T}$$

3. 观察李萨如图形

(1)李萨如图形调节方法:

①信号输入端 Y2:输入待测正弦信号;Y1(X):输入已知正弦信号。

②VERT MODE(选择垂直系统的工作方式):Y2(X-Y);INT TRIG(内触发开关):Y1(X-Y)。

③SOURCE(触发源开关):INT(X-Y);扫描时间因数选择开关(TIME/DIV):X-Y、X 外接(逆时针旋到底)。

(2)通过李萨如图形求未知正弦信号频率 f_y。

观察 $f_y/f_x=1/2,2/1,3/1,3/2$ 时的李萨如图形。x 轴的正弦信号用"50 Hz、1 V 的试验信号",通过调节 f_y 信号频率使图形较为稳定,将此时 f_y 的数值画出相应的图形并记入表 4.1.4。

表 4.1.4　李萨如图形数据记录表

f_y:f_x	1/1	1/2	2/1	3/1	3/2
f_y 理论值					
f_y 实测值					
图形					

【注意事项】

1. 为防止示波管的损坏,观察屏上的亮点(扫描线)的亮度不要过大,并且不可使光点长时间静止不动。

2. 示波器不能在强磁场或电场中使用。

3. 信号源开机前检查输出端是否短路,若有短路不能开机,应立即断开,否则可能损坏机件。

【思考题】

1. 怎样用示波器定量地测量交流信号的电压有效值和频率?

2. 为了使李萨如图形稳定下来,能否使用示波器上的同步旋钮?为什么?

3. 用示波器观察到的正弦波形周期为 0.3 ms,若在观察屏上看到 3 个完整而稳定的正弦波,则扫描电压的周期是多少?为什么?

附录

EE1641B～1643B 型函数信号发生器/计数器使用说明

1. 概述

本仪器是一种精密的测试仪器,因其具有连续信号、少频信号、函数信号、脉冲信号等多种输出信号和外部测频功能,故定名为 EE1641B(1641B)型函数信号发生器/计数器、EE1641B(1642B1)型函数信号发生器/计数器、EE1643B 型函数信号发生器/计数器。本仪器是电子工程师、电子实验室、生产线及教学、科研须配备的理想设备。

2. 主要特征

(1)采用大规模单片集成精密函数发生器电路,使得该机具有很高的可靠性及优良性能/价格比。

(2)采用单片微机电路进行整周期频率测量和智能化管理,对于输出信号的频率幅度用户可以直观、准确地了解到(特别是低频时亦是如此),因此极大地方便了用户。

(3)该机采用了精密电流源电路,使输出信号在整个频带内均具有相当高的精度,同时多种电流源的变换使用,使仪器不仅具有正弦波、三角波、方波等基本波形,更具有锯齿波、脉冲波等多种非对称波形的输出,同时对各种波形可以实现扫描功能。

(4)整机采用中大规模集成电路设计,优先设计电路,元件降额使用,全功能输出保护,以保证仪器高可靠性,平均无故障工作时间高达数千小时以上。

(5)机箱造型美观大方,电子控制按钮操作起来更舒适,更方便。

3. 工作原理

如图 4.1.9 所示,整机电路由两片单片机进行管理,主要功能为:控制函数发生器产生的频率并显示;测量输出信号的幅度并显示。

函数信号由专用的集成电路产生,该电路集成度大,线路简单,精度高并与微机接口,使得整机指标得到可靠保证。

扫描电路由多片运算放大器组成,以满足扫描宽度、扫描速率的需要。宽带直流功放电路的选用,保证了输出信号的带负载能力及其直流电平偏移,均可受面板电位器控制。

整机电源采用线性电路以保证输出波形的纯净性,具有过压、过流、过热保护。

4. 使用说明

(1)前面板说明

EE1641B 型函数信号发生器前面板布局见图 4.1.10。

①频率显示窗口:显示输出信号的频率或外测频信号的频率。

②幅度显示窗口:显示输出信号的幅度。

③扫描速率调节旋钮:调节此电位器可以改变内扫描的时间长短。在外测频时,逆时针旋到底(绿灯亮),外输入测量信号经过低通开关进入测量系统。

④宽度调节旋钮:调节此电位器可调节扫描输出的扫描范围。在外测频时,逆时针旋到底(绿灯亮),外输入测量信号经过衰减"20 dB"进入测量系统。

⑤外部输入插座:当"扫描/计数"键⑬功能选择在外扫描状态或外测频功能时,外扫

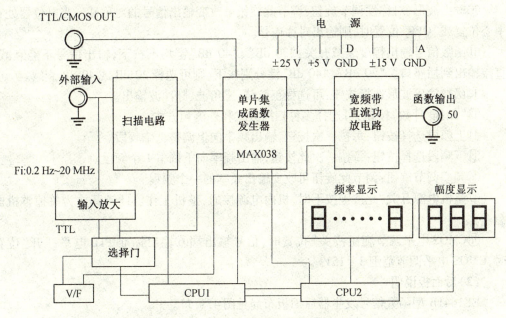

图 4.1.9　函数发生器整机结构图

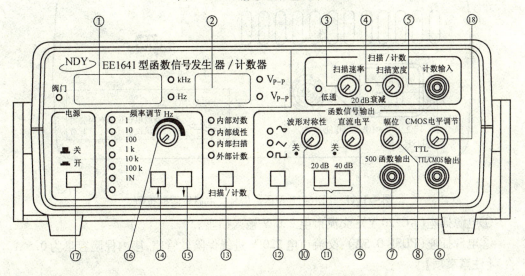

图 4.1.10　EE1641B 型函数信号发生器前面板布局

描控制信号或外测频信号由此输入。

⑥TTL/CMOS 信号输出端:标准的 TTL 电平和幅度为 $3 \sim 15 V_{p-p}$ 的 CMOS 电平,输出阻抗为 600 Ω。

⑦函数信号输出端:输出多种波形受控的函数信号,输出幅度 $20 V_{p-p}$(1 MΩ 负载),$10 V_{p-p}$(50 Ω 负载)。

⑧函数信号输出幅度调节旋钮:调节范围 20 dB。

⑨函数信号输出直流电平预置调节旋钮:调节范围 $-5 \sim +5$ V(50 Ω 负载),当电位器处在中心位置时,则为 0 电平。

⑩输出波形,对称性调节旋钮:调节此旋钮可改变输出信号的对称性。当电位器处在中心位置或"OFF"位置时,则输出对称信号。

⑪函数信号输出幅度衰减开关:"20 dB"、"40 dB"键均不按下,输出信号不经衰减,直接输出到插座口。"20 dB"、"40 dB"键分别按下,则可选择 20 dB 或 40 dB 衰减。

⑫函数输出波形选择按钮:可选择正弦波、三角波、脉冲波输出。

⑬"扫描/计数"按钮:可选择多种扫描方式和外测频方式。

⑭上频段选择按钮:每按一次按钮,输出频率向上调整 1 个频段。

⑮下频段选择按钮:每按一次此按钮,输出频率向下调整 1 个频段。

⑯频率调节旋钮:调节此旋钮可改变输出频率的一个频程。

⑰整机电源开关:此按键按下时,机内电源接通,整机工作。此键释放为关掉整机电源。

⑱CMOS 电平调节旋钮:"关"位置时,信号输出端⑥输出标准 TTL 电平;"开"位置时,CMOS 电平调节范围 $3 \sim 15 V_{P-P}$。

(2)后面板说明

EE1641B 型函数信号发生器后面板布局见图 4.1.11。

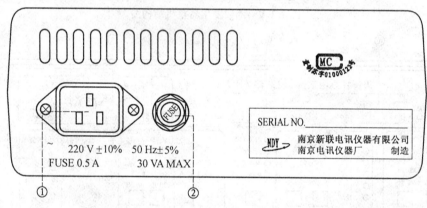

图 4.1.11　EE1641B 型函数信号发生器后面板布局

①电源插座(AC220 V):交流市电 220 V 输入插座。

②电源插座(FUSE 0.5A):交流市电 220 V 进线保险丝管座,座内保险容量为 0.5 A。

【注意事项】

1.本仪器采用大规模集成电路,修理时禁用二芯电源线的电烙铁。校准测试时,测量仪器或其他设备的外壳应接地良好,以免意外损坏。

2.在更换保险丝时严禁带电操作,必须将电源线与交流市电电源切断,以保证人身安全。

3.维护修理时,一般先排除直观故障,如:断线、碰线、器件倒伏、接插件脱落等可视损坏故障。然后根据故障现象按工作原理初步分析出故障电路的范围,再以必要的手段来对故障电路进行静态、动态检查,查出确切故障后按实际情况处理,使仪器恢复正常运行。

4.2 电位差计测电势

引　言

电位差计是利用补偿原理测量电位差(电动势)的一种精密仪器。电位差计的特点是当用它来测量电学量的时候，不用从被测量电路中吸取任何能量，也就不会对被测电路的状态造成影响。电位差计的用途非常广泛，不但可以测量电位差(或电动势)，还可以与标准电阻配合用来间接测量电流、电阻和功率等。它可以用于直流电路，也用于交流电路。因此在工业测量自动控制系统的电路中得到普遍应用。

【实验目的】
1. 学习电位差计的测量原理及其结构特点。
2. 学习利用电位差计测量微小电位差的方法。

【实验仪器】
电位差计，检流计，电阻箱，标准电池，直流稳压电源，导线若干。

【实验原理】

1. 补偿法

电位差计的测量原理是采用补偿法测量电位差。在图 4.2.1 所示电路图中，改变滑动变阻器的电阻，使得电流计中电流为零，此时，AB 两点的电位差为 $U_{AB}=E_x$，与未知电位差相互补偿，若滑动变阻器上的电位差分布事先标定，则可以求出 E_x，这种测量电位差的方法称为补偿法。

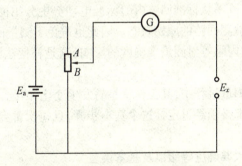

图 4.2.1　补偿法测电位差(电动势)原理图

2. 定标 I

因为标准电源 E_N 拥有高精度的特点，所以可以使工作回路中的电流 I 能标准地到达某一标定值 I_0，这一调整过程我们称为电位差计的定标。

要精确测量出 E_x，分压器上的电位差标定必须稳定而且准确。所以，实用的电位差计在电源回路中接入一个可变电阻 R 作为工作电流调节电阻。如图 4.2.2 所示，E_a 与 R 串连后作为电源向分压器供电，当 E_a 发生变化的时候，可调节 R，使得分压器两端的电位差不变，从而保证分压器上电位差标定的稳定和准确。

在校准分压器上的电位差标定的时候，我们将一个已知标准电动势 E_N 接入待测电位差位置,然后将分压器调到标度等于 E_N 的 O' 处,若检流计中有电流,说明标度改变了,需要调节 R,使得工作回路中的电流 I 能准确达到某一标定值 I_0,从而使检流计中电流为零。若此时检流计中没有电流,说明电位差 $U_{OO'}$ 与 E_N 相等,分压器上电位差标度值准确。经过校准后,电位差计就可以按标度值进行测量,这个过程称为电位差计的"工作电流标准化"。经过标准化之后就可以使用电位差计测量未知电位差了,为了避免由于工

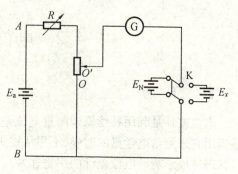

图 4.2.2　使用电位差计

作电源 E_a 不稳定造成的影响,在每次测量前或连续测量过程中,要经常接通校准回路进行定标。

3. 测量 E_x

工作电流标准化的过程与测量待测电动势 E_x 的过程正好相反。当定标结束后,按图 4.2.2 所示,转换 K 把待测电位差接入电路,然后调节分压器到 O' 的位置,使得 O、O' 两点间电位差 $U_{OO'}$ 等于待测电动势 E_x,此时检流计中的电流为零。

根据以上实验的过程和结果,我们可以总结出电位差计测量电位差的几个优点:

(1) 电位差计是一个电阻分压装置,可用来产生有一定调节范围的、准确的、已知的电位差,用它与被测电位差进行比较,可以得到被测电位差的数值,使得被测电位差的测量值仅仅取决于电阻和标准电动势,因而可以达到较高的测量精度。

(2) 无论是在"校准"中还是在"测量"中,检流计两次都指示为零。这表明在校准和测量的过程中电位差计既不从标准回路内的标准电动势中分出能量,也不从测量回路中分出电流,因此不改变被测回路的原始状态。因此也避免了测量回路导线电阻、标准电池内阻以及被测回路等效内阻等对测量准确度的影响,这是补偿法测量准确度较高的又一原因。

缺点:电位差计在测量过程中,其工作状态易发生变化,因此,测量时为了保证工作电流标准化,每次测量前都必须经过定标这个基本步骤,且每次都要进行细致的调节,所以操作时较为繁琐、费时。

4. 电位差计灵敏度、准确度等级以及基本误差

当电位差计平衡时,从面板上可以读出被测电动势的数值 E_x。如果此时移动 O' 点使得面板值改变 δE,平衡将被打破,检流计将相应地发生一定偏转 α,则电位差计灵敏度 S_P 定义为

$$S_P = \frac{\alpha}{\delta E} \quad\quad (4.2.1)$$

如果测得电位差计灵敏度 S_P,则根据检流计刻度的分辨值 $\Delta\alpha$ 求出灵敏度引入的误差 ΔE

$$\Delta E = \frac{\Delta\alpha}{S_P} \quad\quad (4.2.2)$$

从式(4.2.2)中可以看出,S_P 越大,由灵敏度引入的误差越小。所以实际上选用灵敏度较高、内阻较小的检流计可以提高电位差计的灵敏度,但是值得注意的是:并不是说检流计的灵敏度越高,测量误差也就越小。因为电位差计的基本误差是由其内部电路中器件的标准度所决定的。

直流电位差计的准确度等级分为:0.000 1、0.000 2、0.000 5、0.001、0.005、0.01、0.02、0.05、0.1、0.2 级,电位差计的允许基本误差 $E_{\lim}$ 按下式计算

$$E_{\lim} = \pm \frac{a}{100}\left(\frac{U_n}{10} + U_X\right) \quad (4.2.3)$$

式中,a 为标准等级,U_X 为标度盘示值,U_n 为基准值,是该量程中 10 的最高整数幂。

【实验内容】

1. 计算当时温度下的标准电池的电动势,即

$$E_N(t) = 1.018\ 63 - [39.94(t-20) + 0.929\ (t-20)^2 + 0.009\ (t-20)^3] \times 10^{-6}$$

$$(4.2.4)$$

单位为 V;然后将温度补偿盘 R_N 拨在经计算所得 $E_N(t)$ 的数值处。

2. 设计待测电路。待测电路由一个电阻箱和一节电池构成,如图 4.2.3,已知 $E_1 = 1.5\ V$,R_1 和 R_2 为电阻箱内的两部分电阻。"0"、"9.9"、"99 999.9" 分别是电阻箱上的三个接线柱,"0" 与 "9.9" 两柱之间的电阻值(R_1)可以在 0~9.9 Ω 的范围内选择;"0" 与 "99 999.9" 两柱之间的电阻(R_2)可以在 0~99 999.9 Ω 的范围内选择。

设计待测电路时,要求 R_1 取 9.9 Ω 而 U_X 必须满足以下关系

$$0 < U_{X1} \leq 17.1\ mV; 17.1\ mV < U_{X2} \leq 171\ mV$$

3. 将 K 断开,然后按面板上接线端钮的分布,分别在"标准"、"检流计"、"5.7~6.4 V"和"未知"等端钮之间接上"标准电池"、"检流计"、"6 V 直流电源"和"待测电压 U_X"。

4. 检流计的调零,在检流计无输入的情况下,调节零点调节器使检流计指零。

5. K 指向"标准",将按钮"粗"按下,调节 R_P(先调"粗" R_{P1} 再调"中" R_{P2} "细" R_{P3})使检流计指针基本上指零。

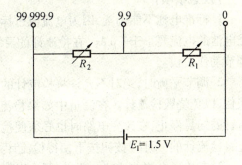

图 4.2.3 被测电路

6. 校准电位差计的工作电流。试按下按钮"细",如果检流计指针偏转超出刻度范围,则立即松开按钮,并且根据指针的偏转方向调节 R_{P2},使得指针偏转角减小,再按下"细"按钮,如指针没有偏出刻度范围,则继续调节 R_P 的"中"、"细"旋钮,使指针指零,此时,称电位差计第一次被校准了,然后把 K 断开并松开按钮。

7. 测量微小电位差 U_{X1}。

(1) 将电位差计面板上的 K_1 指向"×1"挡;随后根据图 4.2.3 所示,将电阻箱的 R_1 和 R_2 两电阻分别调整到 9.9 Ω 和 980 Ω,测量盘 Ⅰ、Ⅱ、Ⅲ 旋转到约 15 mV 处。

(2) 将 K 指向"未知 1",按下"粗"按钮,观察检流计指针的偏转方向,根据指针的偏

转方向有目的地调节测量盘Ⅰ和Ⅱ,使指针指零,然后试按一下"细"按钮,观察指针的偏转情况,且同时调节测量盘Ⅱ和Ⅲ,使指针指零后,将K指向断开,此时就可以读取测量数据。

(3)连续测量"5"次U_{X1}值。在每次测量前都要先校准检流计的工作电流,然后速测一个数据,并将数据记录在表4.2.1中。

8. 测量微小电位差U_{X2},U_{X3},操作步骤同7。

9. 测量电位差计灵敏度。

表4.2.1 数据记录

次数	$R_1 = 980\ \Omega$		$R_2 = 170\ \Omega$		$R_3 = 100\ \Omega$	
	U_{X1}/mV	ΔU_{X1}/mV	U_{X2}/mV	ΔU_{X2}/mV	U_{X3}/mV	ΔU_{X3}/mV
1						
2						
3						
4						
5						
平均						

求出不确定度并写出标准形式。

【注意事项】

1. 标准电池不能倒置,因为电流流过标准电池会引起电动势的变化,故通入或流出标准电池的电流要小于1 μA。在检流计的灵敏度至"×1"挡的时候,指针不容易稳住,因此调节动作要快。

2. 调节平衡时,绝对不允许将检流计的"电计"按钮及电位计的"粗"、"细"按钮同时锁住,以免烧毁检流计。在测量中如果检流计的指针摇晃不定,可以按下"短路"按钮使指针的摇晃停止,在改变电路时也必须使检流计处于短路状态,在使用结束和移动时,均应将检流计的"短路"按钮按下使得检流计处于短路状态。

3. 在接通电位差计的电源时,要注意使支流电源的输出转换开关所处的位置与电位差计所使用的电源电位差一致,特别注意不要将220 V的电位差接到6 V的接线柱上。电位差计每次测量前必须校验"标准",实验中电位差计K_2旋钮不能放在"断"位置。

4. 使用检流计时勿震动放置检流计的桌子。

【思考题】

1. 测量时,若被测电位差的极性接反了,会发生什么?

2. 用电位差计测电位差时,如果发生下述状况,讨论其原因:

(1)找平衡时,检流计的指针总是不动。

(2)找平衡时,检流计的指针有偏转,但是总是偏向某一边。

3. 为什么要讨论和测量电位差计的灵敏度?

4.3 电致伸缩实验

引 言

1883 年,美国物理学家迈克尔逊和莫雷为了研究"以太"漂移现象而设计制作了迈克尔逊干涉仪。迈克尔逊干涉仪是用分振幅法将一束光分成两束光用以实现干涉的精密光学仪器。其设计巧妙、结构简单、光路直观、测量精度高、用途广泛,包含丰富的实验思想,是近代许多干涉仪的原型。

1880 年,居里兄弟(J. CurieR 和 P. Curie)在研究热电现象和晶体对称性的时候,发现在石英单晶切片的电轴方向施加机械应力时,可以观测到在垂直于电轴的两个表面上出现大小相等、符号相反的电荷;1881 年,居里兄弟又发现了前者的逆效应,即在上述晶体相对表面施以外加电场时,在该晶体垂直于电场的方向上产生应力,上述现象称为压电效应,前者称为正压电效应,后者则称为逆压电效应。

本实验中利用迈克尔逊干涉仪的原理进行压电效应实验,测定压电陶瓷的电致伸缩系数。

【实验目的】

1. 了解迈克尔逊干涉仪的工作原理,掌握其调整方法。
2. 理解等倾干涉的原理,观察等倾干涉条纹的特点。
3. 利用电致伸缩实验仪观察研究压电陶瓷的电致伸缩现象,测定压电陶瓷的电致伸缩系数。

【实验仪器】

YJ-MDZ-II 电致伸缩实验仪,直流高压电源。

【实验原理】

1. 电致伸缩实验仪的结构

YJ-MDZ-II 电致伸缩实验仪的结构如图 4.3.1 所示,机械台面①被固定在底座上,底座有 4 个用来调节台面水平度的调节螺钉,在台面上装有半导体激光器⑫、分光板 G_1 ⑮、补偿板 G_2 ⑭、反射镜 M_1 ⑦、反射镜 M_2 ②、毛玻璃屏⑬、千分尺⑪、10∶1 杠杆放大装置⑨;台面下装有激光电源。分光板 G_1、补偿板 G_2、反光镜 M_1、反光镜 M_2 是四块高品质的光学镜片。G_1 被称为分光板,它的第二平面上镀有半反半透膜,反射率约为 50%,可将入射光分成振幅接近相等的反射光束 1 和透射光束 2,它与 G_2 是两块厚度相同、材料相同的平行、平面玻璃板,G_2 补偿了光线 1 和 2 因穿越 G_1 次数不同而产生的光程差,因而 G_2 被称为补偿板。M_1、M_2 是两块在相互垂直的两臂上放置的平面全反射镜,两镜的背面各有两个螺钉,可调节镜面的倾斜度,其中当调节千分尺运动 x mm 可使反光镜 M_1 沿反光镜垂直方向移动 $x/10$ mm。镜 M_2 与压电陶瓷相连。两块平面镜与平行平面玻璃板 G_1、G_2 成 45°角。

电致伸缩实验仪的光路原理如图 4.3.2 所示。从光源 S 发出的一束光经分光板 G_1 的半反半透膜分成两束近似相等的光束 1 和 2,由于 G_1 与镜 M_1 和 M_2 均成 45°角,所以反

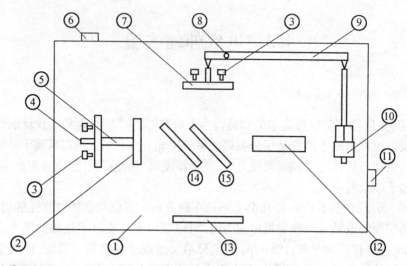

①台面 ②反射镜 M_2 ③调节螺钉 ④高压电源插座 ⑤压电陶瓷管 ⑥电源插座 ⑦反射镜 M_1 ⑧转轴 ⑨10:1 杠杆 ⑩千分尺 ⑪激光电源插座 ⑫半导体激光器 ⑬毛玻璃屏 ⑭补偿板 ⑮分光板

图 4.3.1 YJ-MDZ-Ⅱ 电致伸缩实验仪结构图

射光 1 近于垂直地入射到 M_1 后经反射沿原路返回,然后透过 G_1 而到达 E,透射光 2 在透射过补偿板 G_2 后近于垂直地入射到 M_2 上,经反射也沿原路返回,在分光板后表面反射后到达 E 处,与光束 1 相遇而产生干涉。由于 G_2 的补偿作用,使得两束光在玻璃中走的光程相等,因此计算两束光的光程差时,只需考虑两束光在空气中的几何路程的差别。

从观察位置 E 处向分光板 G_1 看去,除直接看到 M_1 外还可以看到 M_2 被分光板反射的像,在 E 处看来光束好像是 M_1 和 M_2' 反射来的,因此干涉仪所产生的干涉条纹和由平面 M_1 与 M_2' 之间的空气薄膜所产生的干涉条纹完全一样,这里 M_2' 是 M_2 相对于分光板 G_1 在 M_1 反射方向上所成的像,M_1 与 M_2' 之间所夹的空气层形状可以任意调节,如使 M_1 与 M_2 平行(夹层为空气平板)、不平行(夹层为空气劈尖)、相交(夹层为对顶劈尖)。

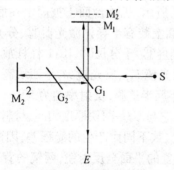

图 4.3.2 电致伸缩实验仪光路示意图

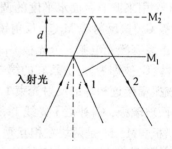

图 4.3.3 等倾干涉原理图

2.干涉条纹的形成

调节 M_1 与 M_2 垂直,此时 M_1 与 M_2' 平行,设 M_1 与 M_2' 相距为 d,如图 4.3.3 所示,当入射光以 i 角入射,经 M_1、M_2' 反射后成为互相平行的两束光 1 和 2,它们的光程差为

$$\Delta L = 2d\cos i \tag{4.3.1}$$

上式表明,当 M_1 与 M_2' 间的距离 d 一定时,所有倾角相同的光束具有相同的光程差,它们将在无限远处形成干涉条纹,若用透镜会聚光束,则干涉条纹将形成在透镜的焦平面上,这种干涉条纹为等倾干涉条纹,其形状为明暗相间的同心圆,其中第 k 级亮条纹形成的条件为

$$2d\cos i = k\lambda \quad (k = 1,2,3,\cdots) \tag{4.3.2}$$

式中,λ 是入射的单色光波长。

从式(4.3.2)可知,若 d 一定,则 i 角越小,$\cos i$ 越大,光程差 $\Delta\lambda$ 也越大,干涉条纹级次 k 也越高,但 i 越小,形成的干涉圆环直径越小,同心圆的圆心是平行于透镜主光轴的光线的会聚,对应的入射角 $i = 0$,此时两相干光束光程差最大,对应的干涉条纹的级次(k 值)最高,从圆心向外的干涉圆环的级次逐渐降低。

再讨论 d 变化时干涉圆环的变化情况,如图 4.3.4 所示,如果我们看到干涉图像中某一级条纹 k_1,则 $2d\cos i_1 = k_1\lambda$,移动 M_1 位置使 M_1 和 M_2' 之间的距离减小,即当 d 变小时,为保持 $2d\cos i_1$ 为一常数,使条纹的级次不变,则 $\cos i$ 必须增大,i 必须减小,随着 i 减小,干涉圆环的直径同步减小,当 i 小到接近 0 时,干涉圆环直径趋近于 0,从而逐渐"缩"进周心圆环中心处,同时整体条纹变粗、变稀;反之,当 d 增大时,会看到干涉圆环自中心处不断"冒"出,并向外扩张,条纹整体变细、变密。

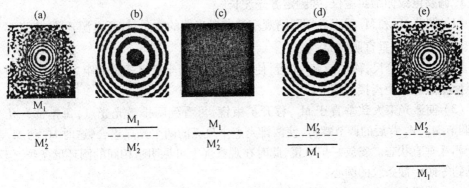

图 4.3.4 等倾干涉条纹

每"冒"出或"缩"进一个干涉圆环,相应的光程差改变了一个波长,也就是 M_1 和 M_2' 之间的距离变化了半个波长,若观察到视场中有 N 个干涉条纹的变化("冒"出或"缩"进),则 M_1 和 M_2' 之间的距离变化了 Δd,显然有

$$\Delta d = N\frac{\lambda}{2} \tag{4.3.3}$$

由式(4.3.3)可知,若入射光的波长 λ 已知,而且数出干涉环"缩"进或"冒"出的个数 N,就能算出动镜移动的距离,这就是利用克尔逊干涉仪精确测量长度的原理;反之,若测得移动距离,读取干涉条纹变化数,可以间接测得单色光波长。

3. 压电效应

具有压电效应的物体称为压电体,现已发现具有压电特性的多种物体,其中有单晶、多晶(多晶陶瓷)及某些非晶固体,本实验选用的待测样品是一种圆管形的压电陶瓷,它

与反射镜 M_2 相连,由锆酸铅[$Pb(Zr、Ti)O_3$]制成,圆管的内外表面镀银,作为电极,接上引出导线,就可对其施加电压,实验表明,当在它的外表面加上电压(内表面接地)时,圆管伸长,反之,加负电压时,它就缩短。

设用 E 表示圆管内外表面加上电压后在内外表面间形成的径向电场的电场强度,用 ε 表示圆管轴向的应变,α 表示压电陶瓷在准线性区域内的电致伸缩系数,于是

$$\varepsilon = \alpha E \qquad (4.3.4)$$

若压电陶瓷的长度为 L,加在压电陶瓷内外表面的电压为 V,加电压后,长度的增量为 ΔL,圆管的壁厚为 δ(均以 nm 为单位),则按上式有

$$\frac{\Delta L}{L} = \alpha \frac{V}{\delta} \qquad (4.3.5)$$

所以

$$\alpha = \frac{\Delta L \cdot \delta}{L \cdot V} \qquad (4.3.6)$$

在电致伸缩系数的表达式中,δ、L 可以用游标卡尺直接测量,电压 V 可由数字电压表读出,由于所加的电压变化时,长度 L 的变化量 ΔL 很小,无法用常规的长度测量方法解决,故本实验中采用迈克尔逊干涉仪测量微小长度的方法进行测量。

【实验内容】

1. 调整电致伸缩实验仪,并测定激光波长

(1) 调节 M_1 和 M_2 垂直。用眼睛观察调节激光器的方向,打开电源开关,点燃半导体激光器,使激光束垂直照射 M_2 镜。

(2) 调节千分尺,移动镜 M_1 位置,使 M_1 到分光板半反半透膜的距离与镜 M_2 距分光板半反半透膜的距离接近相等。

(3) 使激光束大致垂直于 M_2,移开扩束镜,可看到两排激光光点,每排都有几个光点,调节 M_1、M_2 背后的调节螺钉,使两排光点中最亮的两个光点重合,这时 M_1 与 M_2 基本处于相互垂直状态。安放好扩束镜,此时在观察屏上可见明暗相间的圆环形条纹,但不一定见到等倾干涉条纹的圆心。

(4) 微调 M_1、M_2 背后的螺钉,使 M_1 和 M_2' 严格平行,观察屏上出现的等倾条纹的圆心。

(5) 旋转千分尺移动 M_1 的位置,观察干涉条纹圆心的"冒"出、"缩"进现象。根据干涉条纹的形状、粗细程度和密度的变化情况判断 d 变大还是变小。

(6) 以观察屏上圆心条纹的某一状态为起点 d_0 同方向旋转千分尺,在观察屏上干涉条纹圆心每"冒"出或"陷"入 50 个圆环,读取一次数据,记入表 4.3.1。如此重复直到观察屏上等倾干涉条纹变化了 350 环。

(7) 将得到的 8 组数据用逐差法进行处理,得到圆心条纹每变化 200 环时 M_1 镜移动距离的算术平均值(注意千分尺读取数据与 M_1 镜移动位移间的比例关系)。

(8) 根据公式 $\Delta d = N \cdot \frac{\lambda}{2}$,求出激光的波长 λ。

表 4.3.1 镜 M_1 位置变化表

测量环数	千分尺读数
起点 d_0	
第 50 环	
第 100 环	
第 150 环	
第 200 环	
第 250 环	
第 300 环	
第 350 环	

2. 测定压电陶瓷的电致伸缩系数

安装好 YJ – MDZ – Ⅱ 电致伸缩实验仪专用电源,将压电陶瓷电压输入端与 YJ – MDZ – Ⅱ 电致伸缩实验仪专用电源输出电缆线相连,调节电源输出,观察压电陶瓷的电致伸缩效应,作出压电陶瓷的 $N - V$ 曲线测量时,要求压电陶瓷的电压由 0 V 慢慢增加到约 600 V,再逐步降低到 0 V,同时记录等倾干涉条纹圆心每"冒出"或"陷入"一环的电压值。最后,根据实验数据,作出 $N - V$ 曲线,用线性回归法求准线性区域的电致伸缩系数。式(4.3.6)中 δ、L 不易测量,仪器提供参考值为:$\delta = 1.388 \times 10^{-3}$ m;$L = 1.4 \times 10^{-2}$ m。测量中,注意压电陶瓷在发生电致伸缩时会出现迟滞现象。

【注意事项】

1. 电致伸缩实验仪是精密光学仪器,使用前必须先弄清楚使用方法,然后再动手调节。

2. 各镜面必须保持清洁,严禁用手触摸。

3. 千分尺手轮有较大的反向空程,为得到正确的测量结果,避免转动千分尺手轮时引起空程,使用时应始终向同一方向旋转,如果需要反向测量,应重新调整零点。

【思考题】

1. 什么是干涉现象?

2. 什么是压电效应?

3. 调节电致伸缩实验仪时,看到的亮点为什么是两排而不是两个?两排亮点是怎样形成的?

4. 在观察等倾干涉条纹时,条纹从中间"冒"出说明空气薄膜间距变大了还是变小了?条纹"缩"进中心又如何?

4.4 用双臂电桥测低值电阻

引 言

电阻按阻值的大小大致可分三类:阻值在 1 Ω 以下的为低值电阻,阻值在 1 Ω ~ 100 kΩ 的为中值电阻,阻值在 100 kΩ 以上的为高值电阻。由于阻值不同的电阻自身的特殊性,所以测量阻值的方法也不尽相同。用惠斯通电桥测中值电阻时,可以忽略导线本身的电阻和接点处的接触电阻(总称附加电阻)的影响,但用它测低值电阻时,导线本身的电阻和接触电阻不能忽略。例如,附加电阻为 0.001 Ω,当待测电阻为 0.01 Ω 时,附加电阻的影响可达 10%,若所测电阻在 0.001 Ω 以下,则得不到正确的测量结果。为了避免附加电阻对测量结果的影响,人们改进了单臂电桥(惠斯通电桥)而制成双臂电桥(开尔文电桥)。这种电桥可以消除附加电阻的影响,适用于测量 10^{-6} Ω ~ 10^2 Ω 范围内的直流低值电阻。

【实验目的】
1. 掌握双臂电桥测量低值电阻的原理和方法。
2. 用双臂电桥测导体的电阻和电阻率。

【实验仪器】
QJ44 直流双臂电桥、卷尺、游标卡尺、待测物。

【实验原理】

1. 双臂电桥工作原理

图 4.4.1 为惠斯通电桥电路图,它只是将惠斯通电桥实验图中的 R_x、R_2 互换位置。在电桥平衡时,将得到:$R_x = (R_1/R_2)R_s$。

若待测电阻 R_x 为低值电阻,从图 4.4.1 中可见,由 A、C 点到电源和由 B、D 点到检流计的导线电阻和相应的接点电阻并入电源和检流计"内阻"中去,对待测结果的影响可以忽略。但桥臂的 8 根导线和 4 个接点的电阻仍会影响测量结果;又由于 R_1 和 R_2 比率臂的电阻可以较高,则与其相连的 4 根导线(即由

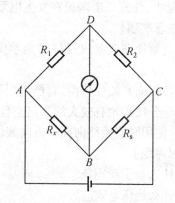

图 4.4.1 惠斯通电桥原理图

A 到 R_1,由 C 到 R_2,由 D 到 R_1,D 到 R_2 的导线)的电阻和相应的接点电阻给测量带来的误差也可以忽略不计;R_s 阻值应该很低,则和 R_x、R_s 相连的导线及其接点电阻就会对测量结果产生很大影响,不可忽略。

为了准确测量低值电阻 R_x,消除上述干扰电阻的影响,设计了如图 4.4.2 所示的线路。与图 4.4.1 所示的惠斯通电桥相比,为了避免由 A 点到 R_x 和由 C 点到 R_s 导线电阻的影响,将 A 点直接与 R_x 相连,C 点直接与 R_s 相连;为了消去 A、C 点的接触电阻对测量结果的影响,将 A 点分为 A_1、A_2 两点,C 点可分为 C_1、C_2 两点,A_1、C_1 点的接触电阻并入电源内

阻，A_2、C_2 点的接触电阻并入阻值较高的 R_1、R_2 中，使其对测量结果的影响减小至可忽略不计。但图 4.4.1 中 B 点的接触电阻和由 B 点到 R_x 及由 B 点到 R_s 的导线电阻因阻值较大不能并入低值电阻 R_x、R_s 中，因而需要对图 4.4.1 所示电桥进行进一步改造，在线路中增加 R_3、R_4 两个较高电阻，如图 4.4.2 所示。B 点到 R_3、R_4 及检流计的导线电阻和相应的接触电阻，可并入到高阻值电阻 R_3、R_4 及检流计内阻中去，此时也可以忽略不计。B_3、B_4 点的接触电阻也可并入到附加的两个高阻值电阻 R_3、R_4 中，将点 B_1、B_2 用粗导线相连，并设 B_1、B_2 点间连线电阻与接触电阻总和为 r，可以证明，适当调节 R_1、R_2、R_3、R_4 和 R_s 的阻值，可以消去附加电阻 r 对测量结果的影响。

为了测量低值电阻，我们在惠斯通电桥的基础上增加两个电阻臂 R_3、R_4，并使 R_3、R_4 分别随 R_1、R_2 作相同的变化（增大或减小），当电桥平衡时就可以消除附加电阻 r 的影响，上述这种电路装置称为双臂电桥，如图 4.4.2 所示。在双臂电桥电路中，电阻 R_x（或 R_s）有 4 个接线端，这类接线方式的电阻称为四端电阻，采用这种接线方式可以大大减小导线电阻和接线电阻（总称附加电阻）对测量的影响。通常称接点 A_1 和 B_1 接点为"电流端"，用 G_1 和 G_2 表示；而接点 A_2 和 B_3 称为"电压端"，用符号 P_1 和 P_2 表示。

通过调节电阻 R_1、R_2、R_3、R_4 和 R_s 电桥平衡，此时流过检流计的电流 I_g 为零。即流过 R_1 和 R_2 的电流相等，以 I_1 表示；流过 R_3 和 R_4 的电流相等，以 I_2 表示；流过 R_x 和 R_s 的电流也相等，以 I_3 表示。又因为 B、D 两点的电位相等（由于 R_1、R_2、R_3、R_4 均取几十欧姆或几百欧姆，而接线电阻、接触电阻均在 0.1 Ω 以下，故对测量结果影响很小，被忽略不计），则可得

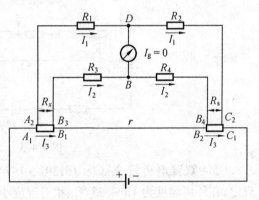

图 4.4.2 双臂电桥原理图

$$I_1 R_1 = I_3 R_x + I_2 R_3$$
$$I_1 R_2 = I_3 R_s + I_2 R_4$$
$$I_2(R_3 + R_4) = (I_3 - I_2) r$$

联立以上三式得

$$R_x = \frac{R_1}{R_2} R_s + \frac{r R_4}{R_3 + R_4 + r}\left(\frac{R_1}{R_2} - \frac{R_3}{R_4}\right) \tag{4.4.1}$$

如果 $R_1 = R_3, R_2 = R_4$，或者 $\dfrac{R_1}{R_2} = \dfrac{R_3}{R_4}$，则

$$\frac{r R_4}{R_3 + R_4 + r}\left(\frac{R_1}{R_2} - \frac{R_3}{R_4}\right) = 0 \tag{4.4.2}$$

这时式(4.4.1) 变为

$$R_x = \frac{R_1}{R_2} R_s \tag{4.4.3}$$

可见，双臂电桥与单臂电桥有相同的表达式。当电桥平衡时，式(4.4.3) 成立的前提是 $R_1/R_2 = R_3/R_4$。为保证 $R_1/R_2 = R_3/R_4$ 在电桥工作过程中始终成立，两对比率臂通常

（R_1/R_2 和 R_3/R_4）采用双十进电阻箱结构,在这种电阻箱里,两个相同十进制电阻的转臂连接在同一转轴上,在转臂的任意位置上都保持 R_1 和 R_3 相等, R_2 和 R_4 相等。

2. 双臂电桥结构

双臂电桥的形式虽各有不同,但它们的线路原理都是一样的,图 4.4.3 是 QJ44 型便携式直流双臂电桥的线路图。将图 4.4.3 和图 4.4.2 的线路进行比较可知,图 4.4.3 中的滑线读数盘和步进读数相应的电阻值相当于图 4.4.2 中的电阻 R_s,这里 R_s 被分成连续可变和跳跃可变两部分。如图 4.4.4 是 QJ44 双臂电桥面板图,图中的 G_1、G_2 和 P_1、P_2 接待测电阻 R_x。面板上的倍率读数(有 100,10,1,0.1,0.01 五挡)相当于图 4.4.2 中 R_1/R_2 或 R_3/R_4 的值。B 为接通电源的按钮,G 为接通检流计的按钮。"调零"按钮用来调节晶体管检流计的零点,"灵敏度"按钮用来调节晶体管检流计的灵敏度,B_1 为晶体管检流计的电源开关。

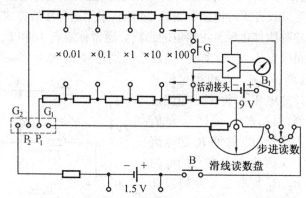

图 4.4.3 双臂电桥线路

QJ44 双臂电桥符合部标 JB1391—1974 规定,在环境温度为 15～25 ℃、相对湿度小于 80% 等条件下,基本量程限 (0.001～11) Ω 范围内,测量准确度级别为 0.2 级。一般来说,用具有滑线盘的双臂电桥测量电阻时,其最大允许误差 ΔR_x 在准确度级别 $a = 0.05$、0.1 时

$$\Delta R_x = \pm K_r(a\% \times R_s + \Delta R) \quad (4.4.4)$$

式中 ΔR 为滑线盘最小分度值;在准确度级别 $a = 0.2、0.5、1、2$ 时,

$$\Delta R_x = a\% \times R_{max} \quad (4.4.5)$$

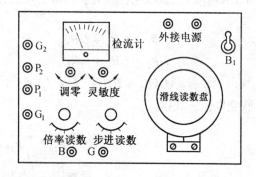

图 4.4.4 双臂电桥面板

式中 R_{max} 是电桥的最大读数值(电桥的量限)。

3. 导体电阻的特性

(1) 导体的电阻率

导体的电阻与该导体材料的物理性质和它的几何形状有关。实验表明,对于一定材

料制成的均匀横截面积的导体,其导体电阻与其长度 l 成正比,与其横截面积 S 成反比,即

$$R = \rho l/S \tag{4.4.6}$$

式中,比例系数 ρ 由导体的材料决定,称为导体的电阻率,它的大小表示导电材料的导电能力。若导体是直径为 d 的圆柱体,则其电阻率可以按下式求出

$$\rho = RS/l = R\pi d^2/4l \tag{4.4.7}$$

(2) 导体电阻的温度系数

导体的电阻会随着温度变化而变化,金属导体的变化关系为

$$R_t = R_0(1 + \alpha t + \beta t^2 + \gamma t^3 + \cdots) \tag{4.4.8}$$

式中,R_t 和 R_0 是与温度 t ℃ 和 0 ℃ 时导体对应的电阻值,$\alpha, \beta, \gamma, \cdots$ 为电阻的温度系数,$\alpha > \beta > \gamma > \cdots$。对于纯金属,$\beta$ 很小。故温度不太高时,金属电阻与温度可近似地认为是线性关系,即

$$R_t = R_0(1 + \alpha t) \tag{4.4.9}$$

或者

$$R_t = R_0 \alpha t + R_0 \tag{4.4.10}$$

【实验内容】

测量导线电阻率,步骤如下:

(1) 将一段圆形导体待测物(如铝、铜、铁等)作为"四端电阻"如图 4.4.5 所示,将电阻的电压端接在双臂电桥的 P_1、P_2 接线柱上,电流端接在电桥的 G_1、G_2 接线柱上。

图 4.4.5 四端电阻的一种形式

(2) 接通晶体管检流计工作电源开关 B_1,等待晶体管工作稳定(约 5 min)后,将灵敏度调到最低位置,再调节检流计到零位。

(3) 估计待测电阻值的大小,选择适当倍率。先按"B",再按"G"旋钮,(断时先断"G"后断"B"),观察检流计指针的偏转情况,调节步进读数和滑线读数盘,使电流平衡。逐渐增大灵敏度,重新调节检流计零位和电桥平衡,将倍率、步进读数和滑线读数盘等数据记入表 4.4.1,重复测量 2 次。

表 4.4.1 用双臂电桥测低值电阻电阻率数据记录表

测量次数	导体电阻			导体长度(l)	导体直径(d)
	倍率读数	步进读数	滑线盘读数		
1					
2					
3					

按照

$$R_x = 倍率读数 \times (步进读数 + 滑线盘读数)$$

算出室温下该导线 P_1P_2 的电阻,求其平均值。

(4) 测量 P_1P_2 间导体长度 l,圆柱形导体直径 d。用游标尺或螺旋测微器测量圆形导

体的直径;在不同的地方测3次,取平均值。用卷尺测量P_1P_2间导体的长度,测量3次,记入表4.4.1,对测量数据取平均值。

(5) 应用公式(4.4.7)求电阻率。

【注意事项】
1. 用双臂电桥测量低值电阻时,由于电流较大,应尽量缩短通电时间。
2. 连接用的导线应尽量粗,各接头必须干净并牢固,避免接触不良。

【思考题】
1. 双臂电桥与惠斯通电桥有哪些异同?
2. 在双臂桥电路中,是怎样消除导线本身的电阻和接触电阻的影响?试简要说明。

4.5 伏安法测电阻

引 言

电阻是电路中的基本元件,对电阻的测量是基本的电学测量,测量电阻的方法很多,本实验采用伏安法测量电阻值。一个电学元件通以直流电后,用电压表测出元件两端的电压,用电流表测出通过元件的电流。通常以电压为横坐标、电流为纵坐标做出元件电流和电压的关系曲线,称作该元件的伏安特性曲线。伏安特性曲线为直线的元件称为线性元件,伏安特性曲线不是直线的称为非线性元件。这种研究元件特性的方法叫做伏安法。伏安法原理简单,测量方便,尤其适合测量非线性元件的伏安特性。

【实验目的】
1. 学习使用数字电压表、电流表;熟悉滑线变阻器的分压和限流电路。
2. 了解电流表内接、外接的条件和误差的估算方法。
3. 掌握伏安法测电阻的方法。

【实验仪器】
直流稳压电源,数字电流表,数字电压表,滑线变阻器,待测电阻,导线若干。

【实验原理】
根据欧姆定律

$$R = U/I \tag{4.5.1}$$

通过测量电压表和电流表的示数 U 和 I,再通过公式计算可得到待测元件 R_x 的阻值。测量待测电阻值时,电表连接有两种方式:电流表内接和电流表外接,如图4.5.1和图4.5.2所示。在图4.5.1中,电流表的读数为通过待测电阻的电流,电压表的读数是电流表电压和待测电阻两端电压的和。如果将电压表的示数代入式(4.5.1),则求出待测电阻的阻值为

$$R = \frac{V}{I} = \frac{V_x + V_A}{I_x} = R_x + R_A = R_x\left(1 + \frac{R_A}{R_x}\right) \tag{4.5.2}$$

$$R_x = R - R_A \tag{4.5.3}$$

式(4.5.2)中,R_A为电流表的内阻,由式(4.5.2)可知,用电流表内接法测量时,测量值 R

要比实际值 R_x 大,$\dfrac{R_A}{R_x}$ 是由于采用内接法电流表内阻带来的误差,称为接入误差。一般在粗略测量时,若 $R_x \gg R_A$ 时采用内接法。为得到精确的 R_x 值,可以按照式(4.5.3)进行修正。

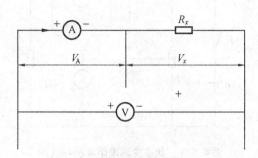

图 4.5.1　电流表内接法示意图

在图 4.5.2 中,电路属于电流表外接法,电流表的读数为通过待测电阻的电流和通过电压表电流的和,电压表的读数是待测电阻两端电压。如果将电流表的示数代入式(4.5.1)则求出待测电阻的阻值为

$$R = \frac{V}{I} = \frac{V_x}{I_x + I_v} = \frac{V_x}{I_x(1+\dfrac{I_v}{I_x})} = \frac{R_x}{1+\dfrac{R_x}{R_v}} \tag{4.5.4}$$

$$R_x = \frac{R}{1-\dfrac{R}{R_v}} \tag{4.5.5}$$

式(4.5.4)中,R_v 为电压表的内阻,由式(4.5.4)可知,用电流表外接法测量时,测量值 R 要比实际值 R_x 小,$\dfrac{R_x}{R_v}$ 是由于采用外接法电压表内阻带来的接入误差。一般在粗略测量时,若 $R_x \ll R_v$ 时采用外接法。为得到精确的 R_x 值,可以按照式(4.5.5)进行修正。

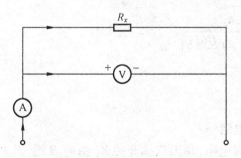

图 4.5.2　电流表外接法示意图

【实验内容】
1. 电流表内接法测电阻
按图 4.5.3 接好电路。开关 K 和单刀双掷开关 K_1 均断开,滑线变阻器指向 b 端,使待

测电路的分压为零。先测量阻值较大的待测电阻,单刀双掷开关 K_1 指向 A 端,此时电路连接方法为内接法。适当选择电压表、电流表量程,以及电源的输出电压。经教师检查线路连接无误后方可接通开关 K。

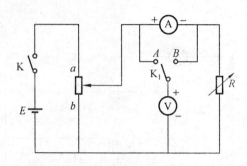

图 4.5.3 伏安法测电阻实验接线图

K 接通后,调节滑线变阻器,使待测电路的电压和电流逐渐增大,当 V 和 I 的值增大到接近各自量程的 $\frac{2}{3}$ 时,开始记录电压表、电流表的示数,改变滑线变阻器 6 次,记录 6 组 V 和 I 的值数据填入表 4.5.1。测量完成后,将滑动触头滑到 b 端,将开关 K 断开。

表 4.5.1 内接法测电阻数据记录表

测量序号	1	2	3	4	5	6
V						
I						
R						

$\overline{R} =$

$\overline{R}_x = \overline{R} - R_A =$

$U_A = \sqrt{\dfrac{\sum (R_i - \overline{R})^2}{n(n-1)}} =$

$U_B = \overline{R}_x \sqrt{\left[\dfrac{U(V)}{U}\right]^2 + \left[\dfrac{U(I)}{I}\right]^2} =$

$U = \sqrt{U_A{}^2 + U_B{}^2} =$

$R_x = \overline{R}_x \pm U =$

2. 电流表外接法测电阻

测量阻值较小的待测电阻,单刀双掷开关 K_1 指向 B 端,此时电路连接方法为外接法。重新选择电压表、电流表量程,以及电源的输出电压。经教师检查线路连接无误后接通开关 K。调节滑线变阻器,当 V 和 I 的值增大到接近各自量程的 $\frac{2}{3}$ 时,开始记录电压表、电流表的示数,改变滑线变阻器 6 次,记录 6 组 V 和 I 的值,填入表 4.5.2。测量完成后,将滑动触头滑到 b 端,将开关 K 断开。

表 4.5.2　外接法测电阻数据记录表

测量序号	1	2	3	4	5	6
V						
I						
R						

$\overline{R} =$

$\overline{R}_x = \dfrac{\overline{R}}{1 - \dfrac{\overline{R}}{R_V}} =$

$U_A = \sqrt{\dfrac{\sum(R_i - \overline{R})^2}{n(n-1)}} =$

$U_B = \overline{R}_x \sqrt{\left[\dfrac{U(V)}{U}\right]^2 + \left[\dfrac{U(I)}{I}\right]^2} =$

$U = \sqrt{U_A{}^2 + U_B{}^2} =$

$R_x = \overline{R}_x \pm U =$

【注意事项】
1. 在每次改变电路之前，都要将开关断开，并将滑线变阻器的输出电压调为零。
2. 在实验操作中，要缓慢调节滑线变阻器的滑动端。在调节滑线变阻器时，要注意电压表、电流表的指针都不能超过量程。

【思考题】
1. 如果实验前不知道哪个是大电阻，哪个是小电阻，如何利用外接法和内接法各自的特点来判断出电阻阻值的大小？
2. 电流表与电压表在测量中，是否允许改变量程？选择不同量程对测量结果有无影响？

4.6　惠斯通电桥

引　言

在物理实验当中，测量电阻的常见方法有伏安法测电阻和电桥法测电阻。伏安法测量电阻的公式为 $R = U/I$（测量电阻两端电压／测量流经电阻的电流）。伏安法测电阻影响测量精度的因素，除了电流表和电压表本身的精度外，还有电表本身的电阻，因此不论电表是内接还是外接都无法同时测量出流经电阻的电流 I 和电阻两端的电压 U，因此测量线路存在不可避免的缺陷。然而电桥是利用比较法测量电阻的仪器。电桥具有灵敏、准确和使用方便等优点。他被广泛地应用于非电量转化为电学量的测量和现代工业自动控制电器技术之中。电桥可以分为直流电桥和交流电桥。直流电桥可用于测量电阻,而交流电桥则可用于测电容、电感。通过传感器可以将压力、温度等非电学量转化为传感器阻抗的变化进行测量。

惠斯通电桥属于直流电桥,主要应用于测量中等大小的电阻($10\ \Omega \sim 10^6\ \Omega$量级)的电路中;对于测量太小的电阻($10^{-6}\ \Omega \sim 10^1\ \Omega$量级),因为需要考虑其接触电阻、导线电阻,所以可以考虑使用双臂电桥;对于测量大电阻($10^7\ \Omega$量级),要考虑使用冲击检流计等方法。惠斯通电桥使用检流计作为指零仪表,而实验室所用的检流计属于微安(μA)表,电桥的灵敏度要受到检流计灵敏度的限制。

【实验目的】
1. 掌握惠斯通电桥测量电阻的原理和测量线路的连接方法。
2. 学习使用交换法减小和消除部分系统误差。
3. 研究惠斯通电桥的灵敏度。

【实验仪器】
电阻箱4台,恒流恒压电源1台,待测电阻2个,导线若干,检流计1台。

【实验原理】

1. 惠斯通电桥测量原理

惠斯通电桥的工作原理如图4.6.1所示。由四个电阻R_0、R_1、R_2、R_x所连成的四边形,称为电桥的四个臂。四边形的一个对角线CD上安装有检流计,称之为"桥";四边形的另一对角线AB上接有电源,称为电桥的"电源对角线"。线路中的供电电源为E。$R_{保护}$为阻值较大的可变电阻,电桥未达到平衡时取最大值,$R_{保护}$起到限流作用,用于保护检流计;当电桥接近平衡时$R_{保护}$取最小值,以提高检流计的灵敏度。限流电阻用于限制电流的大小,主要目的在于保护检流计和改变电桥灵敏度。

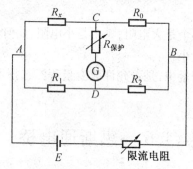

图4.6.1 惠斯通电桥电路

当C,D两点之间的电位相等时,桥路中的电流$I_g = 0$,此时检流计指针指零,电桥处于平衡状态;C,D两点之间的电位不相等时,桥路中的电流$I_g \neq 0$,此时检流计的指针发生偏转。因此有

$$I_{R_x}R_x = I_{R_1}R_1, I_{R_0}R_0 = I_{R_2}R_2, I_{R_x} = I_{R_0}, I_{R_1} = I_{R_2}$$

于是有
$$\frac{R_x}{R_0} = \frac{R_1}{R_2} \text{ 或 } R_x R_2 = R_0 R_1$$

根据以上公式可以看出,当电桥平衡时,电桥相对臂电阻的乘积相等,这就是电桥的

平衡条件。根据上述电桥的平衡条件,如果已知其中三个臂的电阻,就可以计算出另一个桥臂电阻,因此,电桥测电阻的计算公式为

$$R_x = \frac{R_1}{R_2} R_0 = K R_0 \tag{4.6.1}$$

电阻 R_0 为比较臂,R_x 为待测臂,R_1、R_2 为电桥的比率臂。由式(4.6.1)可以看出,待测电阻 R_x 的测量准确度与 R_1、R_2 和 R_0 的准确度有关,因此 R_1、R_2 和 R_0 通常使用标准电阻箱。检流计在测量过程中只起到判断桥路有无电流的作用,所以只要检流计有足够的灵敏度来反映桥路电流的变化,那么电阻的测量结果就与检流计的精度无关。标准电阻可以制作的非常精准,所以利用电桥的平衡原理测电阻的准确度可以很高,远优于伏安法测电阻,这也是电桥被广泛应用的重要原因。

2. 电桥的灵敏度

桥路里面有无电流是判断电桥是否达到平衡的标准,而桥路中有无电流又是以检流计的指针是否发生偏转来确定的,但检流计的灵敏度总是有限的,这就限制了对电桥是否达到平衡的判断。另外,人眼睛的分辨能力也是有限的。如果检流计偏转小于 0.1 格,则很难觉察出指针的偏转。因此,需要引入电桥灵敏度的概念。

检流计的灵敏度定义为:指针偏转格数 Δn 与引起指针偏转的电流变化量 ΔI_g 的比值,即

$$S_{检流计} = \frac{\Delta n}{\Delta I_g} \tag{4.6.2}$$

电桥灵敏度定义为:若处于平衡的电桥里,测量臂电阻改变一个相对微小的 ΔR_x 则所引起的检流计指针偏转格数 Δn 与 ΔR_x 的比值为

$$S_{电桥} = \frac{\Delta n}{\Delta R_x} \tag{4.6.3}$$

电桥相对灵敏度定义为:在处于平衡的电桥里,若测量臂电阻改变一个相对微小量 $\Delta R_x / R_x$,则所引起的检流计指针偏转格数 Δn 与 $\Delta R_x / R_x$ 的比值为

$$S_{相对} = \frac{\Delta n}{\dfrac{\Delta R_x}{R_x}} = \frac{\Delta n}{\dfrac{\Delta R_0}{R_0}} \tag{4.6.4}$$

电桥的相对灵敏度有时候也简称为电桥灵敏度,$S_{相对}$ 越大,说明电桥越灵敏。与电桥的相对灵敏度有关的因素具体有哪些?

将式(4.6.2)整理代入式(4.6.4),有

$$S_{相对} = S_{检流计} \cdot R_x \cdot \frac{\Delta I_g}{\Delta R_x} \tag{4.6.5}$$

因 ΔI_g 与 ΔR_x 变化很小,所以用偏微分形式表示

$$S_{相对} = S_{检流计} \cdot R_x \cdot \frac{\partial I_g}{\partial R_x} \tag{4.6.6}$$

进一步推导可以得到

$$S_{相对} = \frac{S_{检流计} \cdot E}{(R_x + R_0 + R_1 + R_2) + R_g \left[2 + \left(\dfrac{R_1}{R_2} + \dfrac{R_0}{R_x} \right) \right]} \tag{4.6.7}$$

通过上式的分析,可知:

(1) 检流计灵敏度越高,则电桥的灵敏度也越高,电桥灵敏度与检流计灵敏度成正比。

(2) 为了提高电桥灵敏度可以适当提高电源电压,电桥灵敏度与电源电压 E 成正比。

(3) 电桥灵敏度随着 $\frac{R_1}{R_2} + \frac{R_0}{R_x}$ 的增大而减小,随着 4 个桥臂上的电阻值 ($R_x + R_0 + R_1 + R_2$) 的增大而减小。臂上的电阻值选得过大,将大大降低其灵敏度;臂上的电阻值相差太大,也会减低其灵敏度。

通过上述分析,就可以找出在实际工作中组装的电桥出现灵敏度不高、测量误差的原因。一般成品电桥为了提高其灵敏度,通常都有外接检流计与外接电源接线柱。但外接电源电压的选定不能简单地为提高其测量灵敏度而无限提高,还必须考虑桥臂电阻的额定功率,不然就会有烧坏桥臂电阻的危险。

3. 惠斯通电桥存在的系统误差及其消除方法

必须考虑组成电桥的电阻元素的阻值不准确所导致的测量结果的误差,但阻值不准确一般不会偏离太远,因此通常设置比率臂电阻 $R_1 = R_2$,并且 R_1、R_2 和 R_0 选用高精度的电阻箱。试验中首先调节比较臂 R_0 使得电桥平衡,记为 R_0;然后交换 R_x 和 R_0,再调节 R_0 使得电桥平衡,记为 R'_0。当电桥平衡时,交换前后 $R_xR_2 = R_0R_1$ 和 $R_xR_2 = R'_0R_1$,所以有

$$R_x = \sqrt{R_0 R'_0} \tag{4.6.8}$$

这样就避免了因为比率臂电阻 R_1、R_2 不准确带来的误差。当然从公式(4.6.8)中虽然没有比率臂电阻 R_1、R_2 的出现,但它们的数值大小将影响系统的灵敏度。

4. 检流计的保护

检流计是一个测量电流的微安表,允许通过的电流不能超过其刻度所标记的范围,然而在检流计刚接通的时候一般不知道电流的大小,通常可能超过检流计的量程而导致指针偏转超过边界甚至撞击损坏。为了保护检流计,在刚开始接通电路时,调节电源电压使其电压输出较小,当调节 R_0 电桥接近平衡时再将输出电压增加;同时在电路处于非平衡状态时将保护电阻调节到最大,在电路接近平衡时,将保护电阻调节到最小,这样可以提高电桥的灵敏度。

【实验内容】

1. 先用万用表粗测待测电阻的阻值 R_x,确定其大致的范围。

2. 按照原理图所示的惠斯通电桥接线方式组装惠斯通电桥。按照以下步骤测量一个未知电阻的阻值,并测量电桥的灵敏度。

(1) 检流计调零:开启电源,置量程切换开关于"调零"挡,调节检流计的调零旋钮使得指针指示读数为零。

(2) 按图 4.6.2 连接测量电路。

(3) 预设电路参数:按表 4.6.1 给出的比率臂设置 R_1、R_2 的值,根据待测电阻的粗测值和比率预设 R_0 的值;置 $R_{保护} = 90\,000.0\ \Omega$,电源 E 为最小值,检流计量程置于"10 μA"挡。

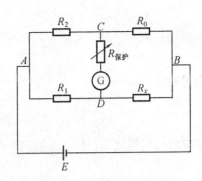

图 4.6.2 惠斯通电桥接线图

(4) 调节 R_0 使电桥平衡：① 在 $E \leqslant 0.1$ V、检流计量程在"10 μA"挡、$R_{保护} = 90\,000.0$ Ω 时，调节 R_0 使电桥平衡。② 置 $R_{保护} = 0$ Ω，调节 R_0 使电桥平衡。③ 置检流计量程在"1 μA"挡，调节 R_0 使电桥平衡。④ 逐渐将电源电压增加到 5.0 V，调节 R_0 使电桥平衡。

(5) 研究电桥的灵敏度：从 R_0 的最小位开始改变，直到检流计指针的偏转格数 $\geqslant 5.0$ 格，记录 R_0 相对于平衡时的改变量 ΔR 和检流计相对于平衡时的偏转格数 Δn。

(6) 多次重复第(3)、第(4)、第(5)步，记录数据填于表 4.6.1 和表 4.6.2 中。

表 4.6.1 电桥法测量电阻及电桥灵敏度

E/V	R_1/Ω	R_2/Ω	R_0/Ω	R_x/Ω	$\Delta R_0/\Omega$	Δn/格	S
5.0	1 000.0	1 000.0					
	1 000.0	100.0					
	100.0	1 000.0					
	100.0	100.0					

表 4.6.2 用惠斯通电桥交换法测量未知电阻 R_{x2}

E/V	R_1/Ω	R_2/Ω	R_0/Ω	R'_0/Ω	R_x/Ω	Δn/格	S
	1 000.0	1 000.0					
	100.0	100.0					
	10.0	10.0					

【注意事项】

1. 注意观察在增加或减少 R_0 阻值时候，检流计指针偏向正方向还是偏向负方向，一边测量一边根据电桥平衡条件有目的地进行调节，不得随意扭动旋钮。

2. 如果电阻没有标明出厂阻值，在测电阻之前应用万用表粗测待测电阻的阻值。

3. 使用检流计的时候，注意在测量的时候不要长时间将检流计处于测量状态，应在测量电路电流时将检流计打开，观察完桥路电流情况后关闭。

【思考题】
1. 下列因素能否使得电桥测量产生误差？为什么？
（1）电源电压不太稳定。
（2）导线电阻不能完全忽略。
（3）检流计没有调零。
（4）检流计灵敏度不够。
2. 当电桥测电阻时，电路接通后，检流计指针总是偏向一边，无论怎么调节，电桥都不平衡试分析原因。
3. 如何用滑动变阻器和一个标准电阻箱组成电桥测量未知电阻？画出原理图，并给出步骤和计算公式。
4. 当电桥达到平衡后，若互换电源和检流计的位置，电桥是否仍然保持平衡？试证明。

4.7 静电场的描绘

引 言

电荷的分布决定了静电场的分布。对带电体周围静电场分布的描述和了解，在科学研究和工程技术中都有着重要的应用。如：研究电极系统和它产生的电场的分布，是电极系统的设计与制造工作的依据。电场可以用电位 V 和电场强度 E 的空间分布来描述，由于矢量在计算和测量上比标量复杂得多，所以常用电位 V 的分布来描绘静电场或间接得到电场强度 E。在测量静电场时，由于其中没有电荷的移动，所以直接对静电场进行测量是相当困难的（除静电式仪表之外的大多数仪表不能用于静电场的直接测量）。静电式仪表的探针在静电场中会产生感生电荷，使原电场产生畸变。所以通常采用模拟法来测量静电场，即用稳恒电流场模拟静电场的方法，测量出静电场对应的稳恒电流场的电位分布，从而描绘出静电场的分布情况。

以相似性原理为基础的模拟法，本质上是将一种不易实现、不便测量的状态或者过程用另外一种易于实现、便于测量的物理状态或者过程模拟出来。

例如，被研究对象变化非常缓慢或被研究的对象有时候非常庞大或者非常微小或非常危险，此时，就可以应用相似性原理。可以制造一个类似于被研究对象或运动过程的模型来进行模拟。按照模拟法的性质和特点不同可以将模拟法分为两大类：一类为物理模拟；另一类为计算机模拟。物理模拟还可以分为三类：几何模拟、动力相似模拟、替代或类比模拟。本实验用稳恒电流场模拟静电场属于替代或类比模拟。

【实验目的】
1. 学习用模拟方法来测绘具有相同数学形式的物理场。
2. 描绘出分布曲线及场量的分布特点。
3. 加深对各物理场概念的理解。
4. 初步学会用模拟法测量和研究二维静电场。

【实验仪器】

HLD – DZ – Ⅳ型静电场描绘实验仪。

【实验原理】

（以模拟长同轴圆柱形电缆的静电场为例）

稳恒电流场与静电场是两种不同性质的场，但是它们两者在一定条件下具有相似的空间分布，即两种场遵守规律在形式上相似，都可以引入电位 U，电场强度 $E = -\nabla U$，都遵守高斯定律。

对于静电场，电场强度在无源区域内满足以下积分关系

$$\oint_S E \cdot ds = 0 \quad \oint_C E \cdot dl = 0 \tag{4.7.1}$$

对于稳恒电流场，电流密度矢量 $\vec{j}$ 在无源区域内也满足类似的积分关系

$$\oint_S j \cdot ds = 0 \quad \oint_l j \cdot dl = 0 \tag{4.7.2}$$

由此可见 E 和 j 在各自区域中满足同样的数学规律。在相同边界条件下，具有相同的解析解。因此，我们可以用稳恒电流场来模拟静电场。

在模拟的条件上，要保证电极形状一定，电极电位不变，空间介质均匀，在任何一个考察点，均应有"$U_{稳恒} = U_{静电}$"或"$E_{稳恒} = E_{静电}$"。下面通过本实验来讨论这种等效性。

1. 同轴电缆及其静电场分布

如图4.7.1(a)所示，在真空中有一半径为 r_a 的长圆柱形导体A和一内半径为 r_b 的长圆筒形导体B，它们同轴放置，分别带等量异号电荷。由高斯定理知，在垂直于轴线的任一截面S内，都有均匀分布的辐射状电场线，这是一个与坐标Z无关的二维场。在二维场中，电场强度 E 平行于 xy 平面，其等位面为一簇同轴圆柱面。因此只要研究S面上的电场分布即可。

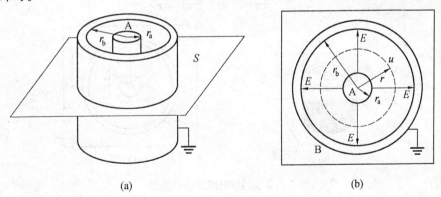

图4.7.1 同轴电缆及其静电场分布

由静电场中的高斯定理可知，距轴线的距离为 r 处（见图4.7.1(b)）各点电场强度为

$$E = \frac{\lambda}{2\pi\varepsilon_0 r} \tag{4.7.3}$$

式中，λ 为柱面每单位长度的电荷量，其电位为

$$U_r = U_a - \int_{r_a}^{r} \boldsymbol{E} \cdot \mathrm{d}\boldsymbol{r} = U_a - \frac{\lambda}{2\pi\varepsilon_0}\ln\frac{r}{r_a} \tag{4.7.4}$$

设 $r = r_b$ 时，$U_b = 0$，则有

$$\frac{\lambda}{2\pi\varepsilon_0} = \frac{U_a}{\ln\frac{r_b}{r_a}} \tag{4.7.5}$$

代入式(4.7.4)，得

$$U_r = U_a \frac{\ln\frac{r_b}{r}}{\ln\frac{r_b}{r_a}} \tag{4.7.6}$$

$$E_r = -\frac{\mathrm{d}U_r}{\mathrm{d}r} = \frac{U_a}{\ln\frac{r_b}{r_a}} \cdot \frac{1}{r} \tag{4.7.7}$$

2. 同轴圆柱面电极间的电流分布

若上述圆柱形导体 A 与圆筒形导体 B 之间充满了电导率为 σ 的不良导体，A、B 与电流电源正负极相连接（见图4.7.2），A、B 间将形成径向电流，建立稳恒电流场 E'_r，可以证明在均匀的导体中的电场强度 E'_r 与原真空中的静电场 E_r 的分布规律是相似的。

取厚度为 t 的圆轴形同轴不良导体片为研究对象，设材料电阻率为 $\rho(\rho = 1/\sigma)$，则任意半径 r 到 $r + \mathrm{d}r$ 的圆周间的电阻是

$$\mathrm{d}R = \rho \cdot \frac{\mathrm{d}r}{s} = \rho \cdot \frac{\mathrm{d}r}{2\pi rt} = \frac{\rho}{2\pi t} \cdot \frac{\mathrm{d}r}{r} \tag{4.7.8}$$

则半径为 r 到 r_b 之间的圆柱片的电阻为

$$R_{rr_b} = \frac{\rho}{2\pi t}\int_{r}^{r_b}\frac{\mathrm{d}r}{r} = \frac{\rho}{2\pi t}\ln\frac{r_b}{r} \tag{4.7.9}$$

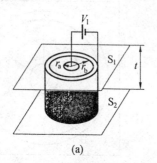 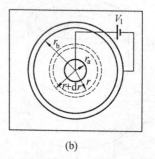

(a) (b)

图 4.7.2　同轴电缆的模拟模型

总电阻为(半径 r_a 到 r_b 之间圆柱片的电阻)

$$R_{r_a r_b} = \frac{\rho}{2\pi t}\ln\frac{r_b}{r_a} \tag{4.7.10}$$

设 $U_b = 0$，则两圆柱面间所加电压为 U_a，径向电流为

$$I = \frac{U_a}{R_{r_a r_b}} = \frac{2\pi\, t U_a}{\rho \ln \dfrac{r_b}{r_a}} \tag{4.7.11}$$

距轴线 r 处的电位为

$$U'_r = IR_{r_b} = U_a \frac{\ln \dfrac{r_b}{r}}{\ln \dfrac{r_b}{r_a}} \tag{4.7.12}$$

则 E'_r 为

$$E'_r = -\frac{\mathrm{d}U'_r}{\mathrm{d}r} = \frac{U_a}{\ln \dfrac{r_b}{r_a}} \cdot \frac{1}{r} \tag{4.7.13}$$

由以上分析可见，U_r 与 U'_r，E_r 与 E'_r 的分布函数完全相同。为什么这两种场的分布相同呢？我们可以从电荷产生场的观点加以分析。在导电质中没有电流通过的，其中任一体积元（宏观小、微观大、其内仍包含大量原子）内正负电荷数量相等，没有净电荷，呈电中性。当有电流通过时，单位时间内流入和流出该体积元内的正或负电荷数量相等，净电荷为零，仍然呈电中性。因而，整个导电质内有电场通过时也不存在净电荷。这就是说，真空中的静电场和有稳恒电流通过时导电质中的场都是由电极上的电荷产生的。事实上，真空中电极上的电荷是不动的，在有电流通过的导电质中，电极上的电荷一边流失，一边由电源补充，在动态平衡下保持电荷的数量不变。所以这两种情况下电场分布是相同的。

3. 测绘方法

场强 E 在数值上等于电位梯度，方向指向电位降落的方向。考虑到 E 是矢量，而电位 U 是标量，从实验测量来讲，测定电位比测定场强容易实现，所以可先测绘等位线，然后根据电场线与等位线正交的原理，画出电场线。这样就可由等位线的间距确定电场线的疏密和指向，将抽象的电场形象地反映出来。

HLD－DZ－Ⅳ型静电场描绘实验仪（包括导电微晶、双层固定支架、同步探针等），支架采用双层式结构，上层放记录纸，下层放导电微晶。电极已直接制作在导电微晶上，并将电极引线接出到外接线柱上，电极间制作有导电率远小于电极且各向均匀的导电介质。接通直流电源（10 V）就可以进行实验。在导电微晶和记录纸上方各有一探针，通过金属探针臂把两探针固定在同一手柄座上，两探针始终保持在同一铅垂线上。移动手柄座时，可保证两探针的运动轨迹是一样的。由导电微晶上方的探针找到待测点后，按一下记录纸上方的探针，在记录纸上留下一个对应的标记。移动同步探针在导电微晶上找出若干电位相同的点，由此即可描绘出等位线。

【实验内容】

1. 描绘同轴电缆的静电场分布

利用图 4.7.2(b) 所示模拟模型，将导电微晶上内外两电极分别与直流稳压电源的正负极相连接，电压表正负极分别与同步探针及电源负极相连接，移动同步探针测绘同轴电缆的等位线簇。要求相邻两等势（位）线间的电势（位）差为 1 V，以每条等势线上各点到

原点的平均距离 r 为半径画出等位线的同心圆簇。然后根据电场线与等位线正交原理，再画出电场线，并指出电场强度方向，得到一张完整的电场分布图。在坐标纸上作出相对电位 U_r/U_a 和 $\ln r$ 的关系曲线，并与理论结果比较，再根据曲线的性质说明等位线是以内电极中心为圆心的同心圆。

若测出内、外两圆柱形电极的半径 r_a 和 r_b，可以在坐标纸上把各等势（位）线的电势（位）与其半径的关系进行定量分析。

2. 描绘一个劈尖形电极和一个条形电极形成的静电场分布

劈尖形电极见图 4.7.3。将电流电压调到 10 V，将记录纸铺在上层平板上，从 1 V 开始，平移同步探针，用导电微晶上方的探针找到等位点后，按一下记录纸上方的探针，测出一系列等位点，共测 9 条等位线，每条等位线上找 10 个以上的点，在电极端点附近应多找几个等位点，将数据填入表 4.7.1 中。画出等位线，再作出电场线，做电场线时要注意：电场线与等位线正交，导体表面是等位面，电场线垂直于导体表面，电场线发自正电荷而终止于负电荷，疏密要表示出场强的大小，根据电极正、负画出电场线方向。

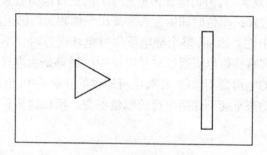

图 4.7.3　劈尖形电极

表 4.7.1　测量数据记录

电压/V	1	2	3	4	5	6	7	8	9	10
r_1/cm										
r_2/cm										
r_3/cm										
r_4/cm										
r_5/cm										
r_6/cm										
r_7/cm										
r_8/cm										
r_9/cm										
r_{10}/cm										
平均值										

【注意事项】
1. 记录纸必须保持平整,没有破缺和折痕,否则记录纸上的模拟场和原电场的分布将不同。
2. 探针应该与记录纸的纸面垂直。
3. 实验时手不能接触记录纸。
4. 等位线作成虚线,电场线作成实线。

【思考题】
1. 根据测绘所得等位线和电场线分布,分析哪些地方场强较强,哪些地方场强较弱?
2. 从实验结果能否说明电极的电导率远大于导电介质的电导率?如不满足这条件会出现什么现象?
3. 在描绘同轴电缆的等位线簇时,如何正确确定圆形等位线簇的圆心,如何正确描绘圆形等位线?
4. 由导电微晶与记录纸的同步测量记录,能否模拟出点电荷激发的电场或同心圆球壳型带电体激发的电场?为什么?
5. 能否用稳恒电流场模拟稳定的温度场?为什么?

4.8 RLC电路特性

引 言

电容、电感元件在交流电路中的阻抗是随着电源频率的改变而变化的。将正弦交流电压加到电阻、电容和电感组成的电路中时,各元件上的电压及相位会随之变化,这称作电路的稳态特性。将一个阶跃电压加到 RLC 元件组成的电路中时,电路的状态会由一个平衡态转变到另一个平衡态,各元件上的电压会出现有规律的变化,这称为电路的暂态特性。

【实验目的】
1. 观测 RC 和 RL 串联电路的幅频特性和相频特性。
2. 了解 RLC 串联、并联电路的幅频特性和相频特性。
3. 研究 RLC 电路的串联谐振和并联谐振现象。
4. 了解 RC 和 RL 电路的暂态过程,研究时间常数 t 的意义。
5. 观察 RLC 串联电路的暂态过程及其阻尼振荡规律。
6. 了解和熟悉半波整流和桥式整流电路以及 RC 低通滤波电路的特性。

【实验仪器】
HLD – RLC – Ⅲ 型 RLC 电路特性实验仪,双踪示波器。

【实验原理】
1. RC 串联电路的稳态特性
(1) RC 串联电路的频率特性
在图 4.8.1 所示电路中,电阻 R、电容 C 的电压有以下关系式

$$\begin{cases} I = \dfrac{U}{\sqrt{R^2 + \left(\dfrac{1}{\omega C}\right)^2}} \\ U_R = IR \\ U_C = \dfrac{1}{\omega C} \\ \varphi = -\arctan \dfrac{1}{\omega CR} \end{cases} \tag{4.8.1}$$

其中 ω 为交流电源的角频率，U 为交流电源的电压有效值，φ 为电流和电源电压的相位差，它与角频率 ω 的关系见图 4.8.2。

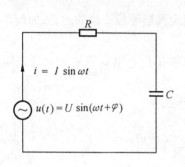
图 4.8.1　RC 串联电路

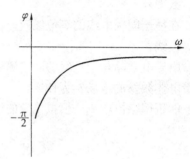
图 4.8.2　电压相位差与角频率的关系

可见当 ω 增加时，I 和 U_R 增加，而 U_C 减小。当 ω 很小时 $\varphi \to -\dfrac{\pi}{2}$，$\omega$ 很大时 $\varphi \to 0$。

(2) RC 低通滤波电路

如图 4.8.3 所示，其中 U_i 为输入电压，U_o 为输出电压，则有

$$\frac{U_o}{U_i} = \frac{1}{1 + j\omega RC} \tag{4.8.2}$$

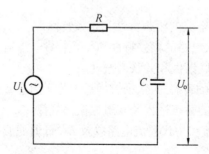
图 4.8.3　RC 低通滤波电路

它是一个复数，其模为

$$\left|\frac{U_o}{U_i}\right| = \frac{1}{\sqrt{1 + (\omega RC)^2}} \tag{4.8.3}$$

设 $\omega_0 = \dfrac{1}{RC}$,则由上式可知

$$\omega = 0 \text{ 时}, \left|\dfrac{U_o}{U_i}\right| = 1 \qquad (4.8.4)$$

当 $\omega = \omega_0$ 时 $\left|\dfrac{U_o}{U_i}\right| = \dfrac{1}{\sqrt{2}} = 0.707$

$$\omega \to \infty \text{ 时}, \left|\dfrac{U_o}{U_i}\right| = 0 \qquad (4.8.5)$$

可见 $\left|\dfrac{U_o}{U_i}\right|$ 随 ω 的变化而变化,并且当 $\omega < \omega_0$ 时,$\left|\dfrac{U_o}{U_i}\right|$ 变化较小;$\omega > \omega_0$ 时,$\left|\dfrac{U_o}{U_i}\right|$ 明显下降,这就是低通频率的信号容易通过,而阻止较高频率的信号通过。

(3) RC 高通滤波电路

RC 高通滤波电路的原理图见图 4.8.4。

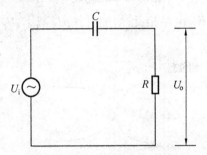

图 4.8.4 RC 高通滤波电路

根据图 4.8.4 分析可知

$$\left|\dfrac{U_o}{U_i}\right| = \dfrac{1}{\sqrt{1 + (\omega RC)^2}} \qquad (4.8.6)$$

同样令 $\omega_0 = \dfrac{1}{RC}$,则

$$\omega = 0 \text{ 时}, \left|\dfrac{U_o}{U_i}\right| = \dfrac{1}{\sqrt{2}} = 0.707 \qquad (4.8.7)$$

当 $\omega = \omega_0$ 时 $\qquad\qquad \left|\dfrac{U_o}{U_i}\right| = 0$

$$\omega \to \infty \text{ 时}, \left|\dfrac{U_o}{U_i}\right| = 1 \qquad (4.8.8)$$

可见该电路的特性与低通滤波电路相反,它对低频信号的衰减较大,而高频信号容易通过,衰减很小,通常称作高通滤波电路。

2. RL 串联电路的稳态特性

RL 串联电路如图 4.8.5 所示。电路中 I、U、U_R、U_B 有以下关系

$$I = \dfrac{U}{\sqrt{R^2 + (\omega L)^2}} \qquad (4.8.9)$$

$$\begin{cases} U_R = IR \\ U_L = I\omega L \\ \varphi = \arctan\dfrac{\omega L}{R} \end{cases} \qquad (4.8.10)$$

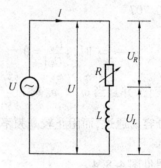

图 4.8.5 RL 串联电路

可见 RL 电路的幅频与 RC 电路相反,增加时,I、U_R 减小,U_L 则增大。它的相频特性见图 4.8.6。

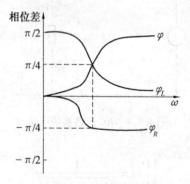

图 4.8.6 RL 电路相频特性

由图 4.8.6 可知,ω 很小时 $\varphi \to 0$,ω 很大时 $\varphi \to \dfrac{\pi}{2}$。

3. RLC 电路的稳态特性

在电路中如果同时存在电感和电容元件,那么在一定条件下会产生某种特殊状态,能量会在电容和电感元件中产生交换,称之为谐振现象。

(1) RLC 串联电路

在如图 4.8.7 所示电路中,电路的总阻抗 $|Z|$,电压 U、U_R 和 i 之间有以下关系

$$|Z| = \sqrt{R^2 + \left(\omega L - \dfrac{1}{\omega C}\right)^2} \qquad (4.8.11)$$

$$\varphi = \arctan\dfrac{\omega L - \dfrac{1}{\omega C}}{R} \qquad (4.8.12)$$

$$i = \frac{U}{\sqrt{R^2 + (\omega L - \frac{1}{\omega C})^2}} \quad (4.8.13)$$

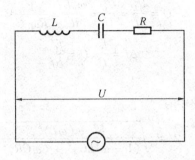

图 4.8.7 RLC 串联电路

其中 ω 为角频率，可见以上参数均与 ω 有关，它们与频率的关系称为频响特性，见图 4.8.8。

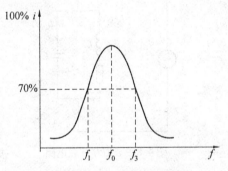

图 4.8.8 RLC 串联电路频响特性

由图 4.8.8 可知，在频率 f_0 处阻抗 Z 值最小，且整个电路呈纯电阻性，而电流 i 达到最大值，我们称 f_0 为 RLC 串联电路的谐振频率（ω_0 为谐振角频率）。从图 4.8.8 还可知，在 $f_1 \sim f_0 \sim f_2$ 的频率范围内 i 值较大，称为通频带。

下面推导 $f_0(\omega_0)$ 和另一个重要的参数品质因数 Q。

当 $\omega L = \frac{1}{\omega C}$ 时，从公式(4.8.11)、(4.8.12) 及式(4.8.13) 可知

$$|Z| = R, \varphi = 0, i = \frac{U}{R} \quad (4.8.14)$$

这时

$$\omega = \omega_0 = \frac{1}{\sqrt{LC}}, f = f_0 = \frac{1}{2\pi\sqrt{LC}}$$

电感上的电压

$$U_L = i_m = |Z_L| = \frac{\omega_0 L}{R} \cdot U$$

电容上的电压

$$U_C = i_m =|\ Z_C\ | = \frac{1}{R\omega_0 C} \cdot U$$

U_C 或 U_L 与 U 的比值称为品质因数 Q

$$Q = \frac{U_L}{U} = \frac{U_C}{U} = \frac{\omega_0 L}{R} = \frac{1}{R\omega_0 C} \tag{4.8.15}$$

可以证明

$$\Delta f = \frac{f_0}{Q}, Q = \frac{f_0}{\Delta f}$$

(2) RLC 并联电路

在图 4.8.9 所示的电路中有

$$|Z| = \sqrt{\frac{R^2 + (\omega L)^2}{(1-\omega^2 LC)^2 + (\omega CR)^2}} \tag{4.8.16}$$

$$\varphi = \arctan\frac{\omega L - \omega C[R^2 + (\omega L)^2]}{R} \tag{4.8.17}$$

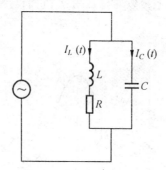

图 4.8.9 RLC 并联电路

可以求得并联谐振角频率

$$\omega_0 = 2\pi f_0 = \sqrt{\frac{1}{LC} - \left(\frac{R}{L}\right)^2} \tag{4.8.18}$$

可见并联谐振频率与串联谐振频率不相等(当 Q 值很大时才近似相等)。

和 RLC 串联电路类似,并联电路对交流信号具有选频特性,在谐振频率点附近,有较大的信号输出,其它频率的信号被衰减。图 4.8.10 体现了 RLC 并联电路阻抗、相位差和电压随频率变化特性。RLC 并联电路在通信领域、高频电路中得到了非常广泛的应用。

4. RC 串联电路的暂态特性

电压值从一个值跳变到另一个值称为阶跃电压。

在图 4.8.11 所示电路中当开关 K 合向"1"时,设 C 中初始电荷为 0,则电源 E 通过电阻 R 对 C 充电,充电完成后,把 K 打向"2",电容放电,其充电方程为

$$\frac{dU_C}{dt} + \frac{1}{RC}U_C = \frac{E}{RC} \tag{4.8.19}$$

放电方程为

$$\frac{dU_C}{dt} + \frac{1}{RC}U_C = 0 \tag{4.8.20}$$

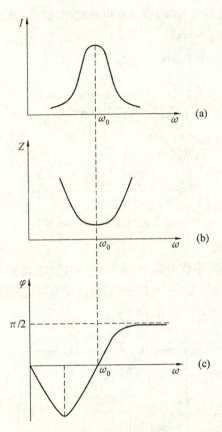

图 4.8.10 RLC 并联电路中阻抗、相位差和电压随频率的变化

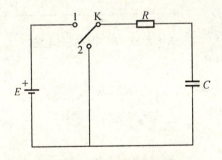

图 4.8.11 RC 串联暂态电路

可求得充电过程时

$$\begin{cases} U_C = E(1 - e^{-\frac{t}{RC}}) \\ U_R = E \cdot e^{-t/RC} \end{cases} \tag{4.8.21}$$

放电过程时

$$\begin{cases} U_C = E \cdot e^{-\frac{t}{RC}} \\ U_R = -E e^{-t/RC} \end{cases} \tag{4.8.22}$$

由上述公式可知 U_C、U_R 和 i 均按指数规律变化。令 $\tau = RC$，τ 称为 RC 电路的时间常

数。τ 值越大，则 U_C 变化越慢，即电容的充电或放电越慢。图 4.8.12 给出了不同 τ 值的 U_C 变化情况，其中 $\tau_1 < \tau_2 < \tau_3$。

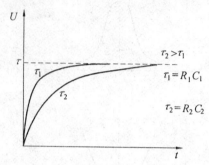

图 4.8.12　RC 电路的时间常数与 U_C 关系

5. RL 电路的暂态过程

在图 4.8.13 所示的 RL 串联电路中，当 K 打向"1"时，电感中的电流不能突变，K 打向"2"时，电流也不能突变为 0，这两个过程中的电流均有相应的变化过程。类似 RC 串联电路，电路的电压方程为

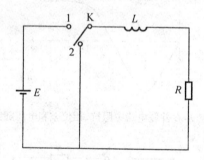

图 4.8.13　RL 串联暂态电路

电压增长过程

$$\begin{cases} U_L = E \cdot e^{-\frac{R}{L}t} \\ U_R = E(1 - e^{-\frac{R}{L}t}) \end{cases} \quad (4.8.23)$$

电压消失过程

$$\begin{cases} U_L = -E \cdot e^{-\frac{R}{L}t} \\ U_R = E \cdot e^{-\frac{R}{L}t} \end{cases} \quad (4.8.24)$$

其中电路的时间常数 $\tau = \dfrac{L}{R}$。图 4.8.14 给出了不同 τ 值的 U_C 变化情况。

6. RLC 串联电路的暂态过程

在图 4.8.15 所示的电路中，先将 K 打向"1"，待稳定后再将 K 打向"2"，这称为 RLC 串联电路的放电过程，这时电路方程为

$$LC\frac{d^2 U_C}{dt^2} + RC\frac{dU_C}{dt} + U_C = 0 \quad (4.8.25)$$

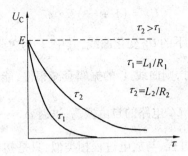

图 4.8.14　RL 电路的时间常数与 U_C 关系

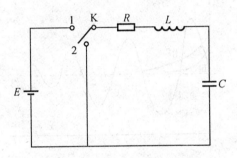

图 4.8.15　RLC 串联暂态电路

初始条件为 $t=0, U_C=E, \dfrac{\mathrm{d}U_C}{\mathrm{d}t}=0$，这样方程的解一般按 R 值的大小可分为三种情况：

(1) $R < 2\sqrt{\dfrac{L}{C}}$ 时，为欠阻尼

$$U_C = \dfrac{1}{\sqrt{1-\dfrac{C}{4L}\cdot R^2}} \cdot E \cdot \mathrm{e}^{-\frac{t}{\tau}} \cdot \cos(\omega t + \varphi) \tag{4.8.26}$$

其中

$$\tau = \dfrac{2L}{R}, \omega = \dfrac{1}{\sqrt{LC}}\sqrt{1-\dfrac{C}{4L}R^2}$$

(2) $R > 2\sqrt{\dfrac{L}{C}}$ 时，过阻尼

$$U_C = \dfrac{1}{\sqrt{\dfrac{C}{4L}R^2 - 1}} \cdot E \cdot \mathrm{e}^{-\frac{t}{\tau}} \cdot \sin(\omega t + \varphi) \tag{4.8.27}$$

其中

$$\tau = \dfrac{2L}{R}, \omega = \dfrac{1}{\sqrt{LC}} \cdot \sqrt{\dfrac{C}{4L}R^2 - 1}$$

(3) $R = 2\sqrt{\dfrac{L}{C}}$ 时，临界阻尼

$$U_C = \left(1 + \frac{t}{\tau}\right)E \cdot e^{-\frac{t}{\tau}} \tag{4.8.28}$$

图 4.8.16 为这三种情况下的 U_C 变化曲线,其中 I 为欠阻尼,II 为过阻尼,III 为临界阻尼。如果当 $R \ll 2\sqrt{\frac{L}{C}}$ 时,则曲线 I 的振幅衰减很慢,能量的损耗较小。能够在 L 与 C 之间不断交换,可近似认为 LC 电路的自由振荡,这时 $\omega \approx \frac{1}{\sqrt{LC}} = \omega_0$,$\omega_0$ 为 $R = 0$ 时 LC 回路的固有频率。对于充电过程,与放电过程相类似,只是初始条件和最后平衡的位置不同,如图 4.8.17 所示。

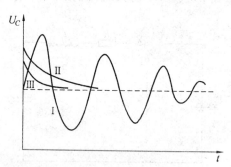

图 4.8.16 三种情况下的 U_C 变化曲线

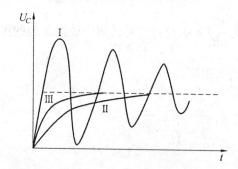

图 4.8.17 充电时不同阻尼的 U_C 变化曲线图

7. 整流滤波电路

常见的整流电路有半波整流、全波整流和桥式整流电路等。这里介绍半波整流电路和桥式整流电路。

（1）半波整流电路

图 4.8.18 所示为半波整流电路,交流电压 U 经二极管 D 后,由于二极管的单向导电性,只有信号的正半周 D 能够导通,在 R 上形成压降;负半周 D 截止。电容 C 并联于 R 两端,起滤波作用。在 D 导通期间,电容充电;D 截止期间,电容 C 放电。用示波器可以观察 C 接入和不接入电路时的差异,以及不同 C 值和 R 值时的波形差别,不同电源频率时的差别。

（2）桥式整流电路

图 4.8.19 所示电路为桥整流电路。在交流信号的正半周,D_2、D_3 导通,D_1、D_4 截止;

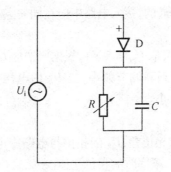

图 4.8.18 半波整流电路

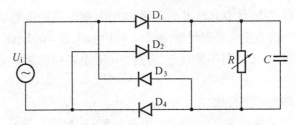

图 4.8.19 桥式整流电路

负半周 D_1、D_4 导通,D_2、D_3 截止,所以在电阻 R 上的压降始终为上"+"下"-",与半波整流相比,信号的另半周也有效地利用了起来,减小了输出的脉动电压。电容 C 同样起到滤波的作用。用示波器比较桥式整流与半波整流的波形区别。

【实验内容】

对 RC、RL、RLC 电路的稳态特性的观测采用正弦波。对 RLC 电路的暂态特性观测可采用直流电源和方波信号,用方波作为测试信号可用普通示波器方便地进行观测;以直流信号作实验时,需要用数字存储式示波器才能得到较好的观测。

1. RC 串联电路的稳态特性

(1) RC 串联电路的幅频特性

选择正弦波信号,保持其输出幅度不变,分别用示波器测量不同频率时的 U_R、U_C,可取 $C=0.1~\mu F$,$R=1~k\Omega$,也可根据实际情况自选 R、C 参数。

用双通道示波器观测时,可用一个通道监测信号源电压,另一个通道分别测 U_R、U_C,但需注意两通道的接地点应位于线路的同一点,否则会引起部分电路短路。

(2) RC 串联电路的相频特性

将信号源电压 U 和 U_R 分别接至示波器的两个通道,可取 $C=0.1~\mu F$,$R=1~k\Omega$(也可自选)。从低到高调节信号源频率,观察示波器上两个波形的相位变化情况,先可用李萨如图形法观测,并记录不同频率时的相位差。

2. RL 串联电路的稳态特性

测量 RL 串联电路的幅频特性和相频特性与 RC 串联电路时方法类似,可选 $L=10$ mH,$R=1~k\Omega$,也可自行确定。

3. RLC 串联电路的稳态特性

自选合适的 L 值、C 值和 R 值,用示波器的两个通道测信号源电压 U 和电阻电压 U_R,

必须注意两通道的公共线是相通的,接入电路中应在同一点上,否则会造成短路。

(1) 幅频特性

保持信号源电压 U 不变(可取 $U_{pp} = 5\ V$),根据所选的 L、C 值,估算谐振频率,以选择合适的正弦波频率范围。从低到高调节频率,当 U_R 的电压为最大时的频率即为谐振频率,记录下不同频率时的 U_R 大小。

(2) 相频特性

用示波的双通道观测 U 的相位差,U_R 的相位与电路中电流的相位相同,观测在不同频率下的相位变化,记录下某一频率时的相位差值。

4. RLC 并联电路的稳态特性

按图 4.8.9 进行连线,注意此时 R 为电感的内阻,随不同的电感取值而不同,它的值可在相应的电感值下用直流电阻表测量,选取 $L = 10\ mH$、$C = 0.1\ \mu F$、$R' = 10\ k\Omega$。也可自行设计选定。注意 R' 的取值不能过小,否则会由于电路中的总电流变化大而影响 U_R' 的大小。

(1) LC 并联电路的幅频特性

保持信号源的 U 值幅度不变(可取 U_{pp} 为 2~5 V),测量 U 和 U_R 的变化情况。注意示波器的公共端接线,不应造成电路短路。

(2) RLC 并联电路的相频特性

用示波器的两个通道,测 U 和 U_R 的相位变化情况。自行确定电路参数。

5. RC 串联电路的暂态特性

如果选择信号源为直流电压,观察单次充电过程要用存储式示波器。选择方波作为信号源进行实验,以便用普通示波器进行观测。由于采用了功率信号输出,故应防止短路。

(1) 选择合适的 R 和 C 值,根据时间常数 τ,选择合适的方波频率,一般要求方波的周期 $T > 10\tau$,这样能较完整地反映暂态过程,并且选用合适的示波器扫描速度,以完整地显示暂态过程。

(2) 改变 R 值或 C 值,观测 U_R 或 U_C 的变化规律,记录下不同 RC 值时的波形情况,并分别测量时间常数 τ。

(3) 改变方波频率,观察波形的变化情况,分析相同的 τ 值在不同频率时的波形变化情况。

6. RL 电路的暂态过程

选取合适的 L 与 R 值,注意 R 的取值不能过小,因为 L 存在内阻。如果波形有失真自激现象,则应重新调整 L 值与 R 值进行实验,方法与 RC 串联电路的暂态特性试验类似。

7. RLC 串联电路的暂态特性

(1) 先选择合适的 L、C 值,根据选定参数,调节 R 值大小。观察三种阻尼振荡的波形。如果欠阻尼时振荡的周期数较少,则应重新调整 L、C 值。

(2) 用示波器测量欠阻尼振荡的周期 T 和时间常数 τ。τ 值反映了振荡幅度的衰减速度,从最大幅度衰减到 0.368 倍的最大幅度处的时间即为 τ 值。

8. 整流滤波电路的特性观测

（1）半波整流

按图 4.8.18 原理接线,选择正弦波信号作电源。先不接入滤波电容,观察 U 与 U_o 的波形。再接入不同容量的 C 值。观察 U_o 波形的变化情况。

（2）桥式整流

按图 4.8.19 原理接线,先不接入滤波电容,观察 U_o 波形,再接入不同容量的 C 值。观察 U_o 波形的变化情况,并与半波整流比较有何区别。

【数据处理】

1. 根据测量结果作 RC 串联电路的幅频特性和相频特性图。
2. 根据测量结果作 RL 串联电路的幅频特性和相频特性图。
3. 分析 RC 低通滤波电路和 RC 高通滤波电路的频率特性。
4. 根据测量结果作 RLC 串联电路、RLC 并联电路的幅频特性和相频特性。并计算电路的 Q 值。
5. 根据不同的 R 值、C 值和 L 值,分别作出 RC 电路和 RL 电路的暂态响应曲线有何区别。
6. 根据不同的 R 值作出 RLC 串联电路的暂态响应曲线,分析 R 值大小对充放电的影响。
7. 根据示波器的波形作出半波整流和桥式整流的输出电压波形,并讨论滤波电容数值大小的影响。

【注意事项】

1. 在连接电路的时候,注意要认真检查线路是否符合电路图,避免短路现象出现。
2. 在开关转换的时候,开关转换的速度一定要快,否则信号容易丢失。
3. 示波器的使用参照厂家的说明书或实验老师的指导。仪器采用开放式设计,使用时要正确接线,不要短路功率信号源,以防损坏。

【思考题】

1. 在 RC 暂态过程中,固定方波的频率,而改变电阻的阻值,为什么会有不同的波形？而改变方波的频率,会得到类似的波形吗？
2. 在 RLC 串联电路中,若信号源是直流电源,电动势为 E,问电容两端电压是否会大于 E？做实验时候,电容的耐压值取多大才能保证安全。

4.9 光电传感器特性

引 言

光敏传感器是将光信号转换为电信号的传感器,也称为光电式传感器,它可用于检测直接引起光强度变化的非电量,如光强、光照度、辐射测温、气体成分分析等;也可用来检测能转换成光量变化的其它非电量,如零件直径、表面粗糙度、位移、速度、加速度及物体形状、工作状态识别等。光电式传感器具有非接触、响应快、性能可靠等特点,因而在工业自动控制及智能机器人中得到广泛应用。

【实验目的】

1. 了解光敏电阻的基本特性,测出它的伏安特性曲线和光照特性曲线。
2. 了解硅光电池的基本特性,测出它的伏安特性曲线和光照特性曲线。
3. 了解硅光敏二极管的基本特性,测出它的伏安特性和光照特性曲线。
4. 了解硅光敏三极管的基本特性,测出它的伏安特性和光照特性曲线。

【实验仪器】

1. 可以选用南京恒立达 D-GD-Ⅲ 型光电传感器特性综合实验仪。实验仪工作面板如图 4.9.1 所示。该实验仪由光敏电阻、光敏二极管、光敏三极管、硅光电池四种光敏传感器及可调光源、数字电压表等组成。

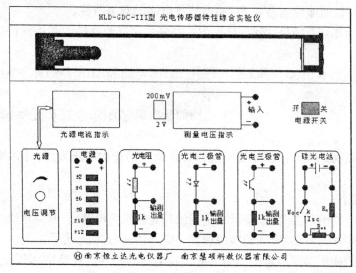

图 4.9.1   D-GD-Ⅲ 光电传感器特性综合实验仪工作面板

光敏传感器的照度可通过调节可调光源的电流来调整。在一定的电流下,附表4.9.1 中给出了相对应的光源照度(见附表)。

2. 可以选用株洲远景 YJ-GD-4 型光电综合实验仪,主机面板如图 4.9.2(a)、图 4.9.2(b)所示"。

【实验原理】

1. 光电效应

光敏传感器的物理基础是光电效应。光电效应通常分为外光电效应和内光电效应两大类。在光辐射作用下电子逸出材料的表面,产生光电子发射称为外光电效应,或光电子发射效应。基于这种效应的光电器件有光电管、光电倍增管等。电子并不逸出材料表面的则是内光电效应。光电导效应、光生伏特效应则属于内光电效应。半导体材料的许多电学特性都因受到光的照射而发生变化。几乎大多数光电控制应用的传感器都是此类,通常有光敏电阻、光敏二极管、光敏三极管、硅光电池等。

(1)光电导效应

若光照射到某些半导体材料上时,透过到材料内部的光子能量足够大,某些电子吸收

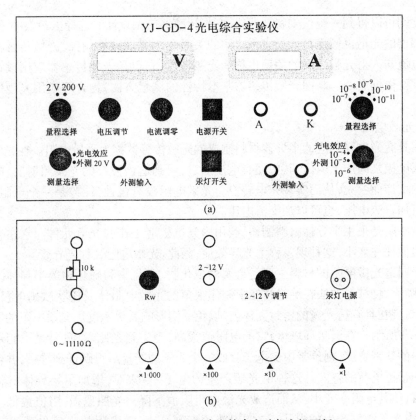

图 4.9.2　YJ-GD-4 型光电综合实验仪主机面板

光子的能量，从原来的束缚态变成导电的自由态，这时在外电场的作用下，流过半导体的电流会增大，即半导体的电导会增大，这种现象叫光电导效应。它是一种内光电效应。

光电导效应可分为本征型和杂质型两类。前者是指能量足够大的光子使电子离开价带跃入导带，价带中由于电子离开而产生空穴，在外电场作用下，电子和空穴参与电导，使电导增加。杂质型光电导效应则是能量足够大的光子使施主能级中的电子或受主能级中的空穴跃迁到导带或价带，从而使电导增加。杂质型光电导的长波要比本征型光电导的要长的多。

(2) 光生伏特效应

在无光照时，半导体 PN 结内部自建电场。当光照射在 PN 结及其附近时，在能量足够大的光子作用下，在结区及其附近就产生少数载流子（电子、空穴对）。载流子在结区外时，靠扩散进入结区；在结区中时，则因电场 E 的作用，电子漂移到 N 区，空穴漂移到 P 区。结果使 N 区带负电荷，P 区带正电荷，产生附加电动势，此电动势称为光生电动势，此现象称为光生伏特效应。

2. 光敏传感器的基本特性

本实验主要是研究光敏电阻、硅光电池、光敏二极管、光敏三极管四种光敏传感器的基本特性。光敏传感器的基本特性则包括：伏安特性、光照特性等。其中光敏传感器在一定的入射照度下，光敏元件的电流 I 与所加电压 U 之间的关系称为光敏器件的伏安特性。

改变照度则可以得到一组伏安特性曲线,它是传感器应用设计时选择电参数的重要依据。光敏传感器的光谱灵敏度与入射光强之间的关系称为光照特性,有时光敏传感器的输出电压或电流与入射光强之间的关系也称为光照特性,它也是光敏传感器应用设计时选择参数的重要依据之一。掌握光敏传感器基本特性的测量方法,为合理应用光敏传感器打好基础。

(1)光敏电阻

利用具有光电导效应的半导体材料制成的光敏传感器称为光敏电阻。在光敏电阻两端的金属电极之间加上电压,其中便有电流通过,受到适当波长的光线照射时,电流就会随光强的增加而变大,从而实现光电转换。光敏电阻没有极性,纯粹是一个电阻器件,使用时既可加直流电压,也可以加交流电压。

光敏电阻是采用半导体材料制作,利用内光电效应工作的光电元件。它在光线的作用下其阻值往往变小,这种现象称为光导效应,因此,光敏电阻又称光导管。

用于制造光敏电阻的材料主要是金属的硫化物、硒化物和碲化物等半导体。通常采用涂敷、喷涂、烧结等方法在绝缘衬底上制作很薄的光敏电阻体及梳状欧姆电极,然后接出引线,封装在具有透光镜的密封壳体内,以免受潮影响其灵敏度。光敏电阻的原理结构如图4.9.3所示。在黑暗环境里,它的电阻值很高,当受到光照时,只要光子能量大于半导体材料的禁带宽度,则价带中的电子吸收一个光子的能量后可跃迁到导带,并在价带中产生一个带正电荷的空穴。这种由光照产生的电子-空穴对,增加了半导体材料中载流子的数目,使其电阻率变小,从而造成光敏电阻阻值下降。光照愈强,阻值愈低。入射光消失后,由光子激发产生的电子-空穴对将逐渐复合,光敏电阻的阻值也就逐渐恢复原值。

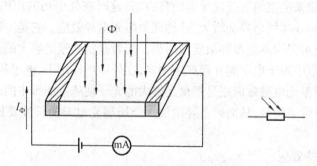

图4.9.3 光敏电阻的原理结构

目前,光敏电阻应用极为广泛,可见光波段和大气透过的几个窗口都有适用的光敏电阻。利用光敏电阻制成的光控开关在日常生活中随处可见。

当内光电效应发生时,光敏电阻电导率的改变量为

$$\Delta\sigma = \Delta p \cdot e\mu_p + \Delta n \cdot e\mu_n \tag{4.9.1}$$

在式(4.9.1)中,e为电荷电量,Δp为空穴浓度的改变量,Δn为电子浓度的改变量,μ表示迁移率。

当两端加上电压U后,光电流为

$$I_{\text{PN}} = \frac{A}{d} \cdot \Delta\sigma \cdot U \tag{4.9.2}$$

式中 A 为与电流垂直的表面，d 为电极间的间距。在一定的光照度下，$\Delta\sigma$ 为恒定的值，因而光电流和电压成线性关系。

光敏电阻的伏安特性如图 4.9.4(a) 所示，不同的光照度可以得到不同的伏安特性，表明电阻值随光照度发生变化。光照度不变的情况下，电压越高，光电流也越大，而且没有饱和现象。当然，与一般电阻一样光敏电阻的工作电压和电流都不能超过规定的最高额定值。

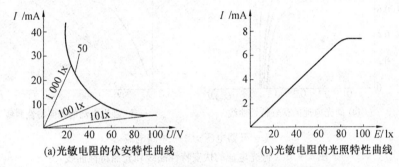

图 4.9.4　光敏电阻的伏安特性和光照特性曲线

光敏电阻的光照特性则如图 4.9.4(b) 所示。不同的光敏电阻的光照特性是不同的，但是在大多数的情况下，曲线的形状都与图 4.9.4(b) 的结果类似。由于光敏电阻的光照特性是非线性的，因此不适宜作线性敏感元件，这是光敏电阻的缺点之一。所以在自动控制中光敏电阻常用作开关量的光电传感器。

（2）硅光电池

光电池是一种直接将光能转换为电能的光电器件。光电池在有光线作用时实质就是电源，电路中有了这种器件就不需要外加电源。光电池的工作原理是基于"光生伏特效应"。它实质上是一个大面积的 PN 结，当光照射到 PN 结的一个面，例如 P 型面时，若光子能量大于半导体材料的禁带宽度，那么 P 型区每吸收一个光子就产生一对自由电子和空穴，电子-空穴对从表面向内迅速扩散，在结电场的作用下，最后建立一个与光照强度有关的电动势。图 4.9.5 为硅光电池原理图，其中图 4.9.5(a) 为结构示意图，(b) 为等效电路。

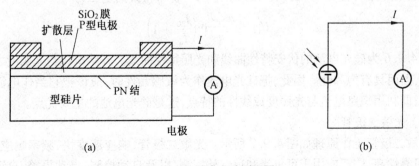

图 4.9.5　硅光电池原理图

硅光电池是目前使用最为广泛的光伏探测器之一。它的特点是工作时不需要外加偏压，接收面积小，使用方便。缺点是响应时间长。

图 4.9.6(a) 为硅光电池的伏安特性曲线。在一定光照度下，硅光电池的伏安特性呈非线性。

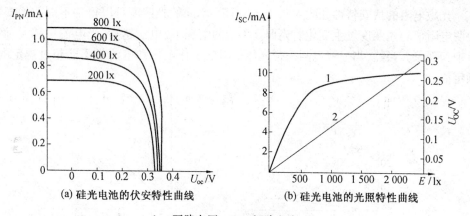

(a) 硅光电池的伏安特性曲线　　(b) 硅光电池的光照特性曲线

1— 开路电压　　2— 短路电流

图 4.9.6　硅光电池的伏安特性曲线和光照特性曲线

当光照射硅光电池的时候，将产生一个由 N 区流向 P 区的光生电流 I_{PN}；同时由于 PN 结二极管的特性，存在正向二极管管电流 I_D，此电流方向与光生电流方向相反。所以实际获得的电流为

$$I = I_{PN} - I_D = I_{PN} - I_o\left[\exp\left(\frac{eV}{nk_BT}\right) - 1\right] \quad (4.9.3)$$

式中 V 为结电压，I_o 为二极管反向饱和电流，n 为理想系数，表示 PN 结的特性，通常在 1 和 2 之间，k_B 为波尔兹曼常数，T 为绝对温度。短路电流是指负载电阻相对于光电池的内阻来讲很小时的电流。在一定的光照度下，当光电池被短路时，结电压 V 为 0，从而有

$$I_{SC} = I_{PN} \quad (4.9.4)$$

负载电阻在 20 Ω 以下时，短路电流与光照有比较好的线性关系，负载电阻过大，则线性会变坏。

开路电压则是指负载电阻远大于光电池的内阻时硅光电池两端的电压，而当硅光电池的输出端开路时有 $I = 0$，由式(4.9.3)、(4.9.4) 可得开路电压为

$$U_{OC} = \frac{nk_BT}{q}\ln\left(\frac{I_{SC}}{I_o} + 1\right) \quad (4.9.5)$$

图 4.9.6 为硅光电池的伏安特性曲线和光照特性曲线。开路电压与光照度之间为对数关系，因而具有饱和性。因此，把硅光电池作为敏感元件时，应该把它当作电流源的形式使用，即利用短路电流与光照度成线性的特点，这是硅光电池的主要优点。

(3) 光敏二极管

光敏二极管工作原理如图 4.9.7 所示。光敏二极管，响应速度快、频率响应好、灵敏度高、可靠性高，广泛应用于可见光和远红外探测，以及自动控制、自动报警、自动计数等领域和装置。结构特征：光敏二极管结构与一般二极管相似，它们都有一个 PN 结，并且都

是单向导电的非线性元件。但是,作为光敏元件,光敏二极管在结构上有特殊之处。光敏二极管封装在透明玻璃外壳中,PN 结在管子的顶部,可以直接受到光照,为了提高转换效率大面积受光,PN 结面积比一般二极管大。

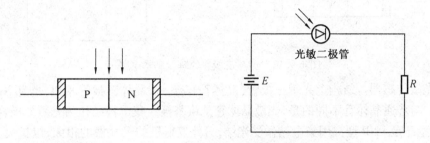

图 4.9.7　光敏二极管原理及基本电路

工作原理:光敏二极管在电路中一般处于反向偏置状态,无光照时反向电阻很大,反向电流很小;有光照时,PN 结处产生光生电子空穴对,在电场作用下形成光电流,随入射光强度变化相应变化,光照越强光电流越大,光电流方向与反向电流一致。

基本特性:图 4.9.8 是硅光敏二极管在小负载电阻下的光照特性。由图 4.9.8 可见,光敏二极管的光电流与照度成线性关系。

伏安特性:光敏二极管在反向偏压下的伏安特性,即光生电流 – 电压特性,如图 4.9.9 所示。当反向偏压较低时,光电流随电压变化比较敏感,这是由于反向偏压加大了耗尽层的宽度和电场强度。随反向偏压的加大,对载流子的收集达到极限,光生电流趋于饱和,这时光生电流与所加偏压几乎无关,只取决于光照强度。

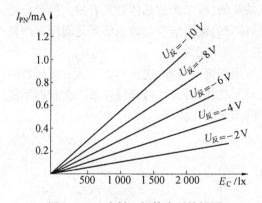

图 4.9.8　光敏二极管光照特性图

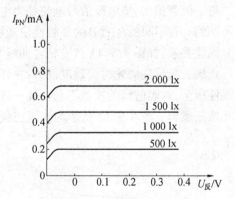

图 4.9.9　光敏二极管伏 – 安特性图

(4)光敏三极管

图 4.9.10 给出了 NPN 型光敏三极管基本线路。基极开路,基极 – 集电极处于反偏状态。当光照射到 PN 结附近时,由于光生伏特效应,产生光电流。该电流相当于普通三极管的基极电流,因此将被放大 $(1+\beta)$ 倍,所以光敏三极管具有比光敏二极管更高的灵敏度。

光敏三极管是把光敏二极管产生的光电流进一步放大,它是具有更高灵敏度和响应

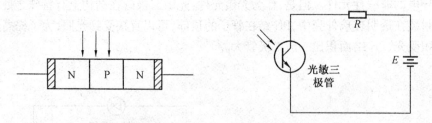

图 4.9.10　光敏三极管原理及基本电路

速度的光敏传感器。结构上光敏三极管（晶体管）与一般晶体三极管相似，也有 NPN 型、PNP 型。与普通晶体管不同的是，光敏晶体管是将基极 – 集电极结作为光敏二极管，无论是 NPN 型还是 PNP 型都用集电结做受光结，另外发射极的尺寸做的很大，以扩大光照面积。大多数光敏晶体管的基极无引线，集电结加反偏。玻璃封装上有个小孔，让光照射到基区。结构上有单体型和集合型。硅（Si）光敏晶体极管一般都是 NPN 结构，基极开路，集电极反偏。光照射在集电结的基区，产生电子、空穴，光生电子被拉向集电极，基区留下正电荷（空穴），使基极与发射极之间的电压升高，这样，发射极便有大量电子经基极流向集电极，形成三极管输出电流，使晶体管具有电流增益。从而在集电极回路中得到一个放大了的信号电流。在负载电阻上的输出电压为

$$U_o = \beta i_p R_L \tag{4.9.5}$$

式中　β —— 晶体管电流放大系数；

　　　R_L —— 负载电阻；

　　　i_p —— 集电结二极管电流源。

与二极管相比，集电极信号电流是光电流的 β 倍，所以光敏晶体管具有放大作用。由于不同的 i_p 有不同的 β，而 β 的非线性使光敏晶体管的输出信号与输入信号之间没有严格的非线性关系（如图 4.9.11 伏安特性曲线），这是其不足之处。

光敏三极管在弱光时灵敏度低些，在强光时则有饱和现象，这是由于电流放大倍数的非线性所至，对弱信号的检测不利。故一般在检测线性元件时，可选光敏二极管而不能用光敏三极管。图 4.9.12 所示为光敏三极管的光照特性曲线。

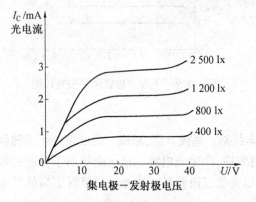 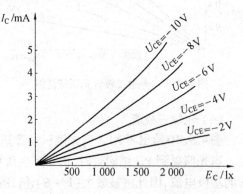

图 4.9.11　光敏三极管伏安特性　　　图 4.9.12　光敏三极管的光照特性曲线

【实验内容】

本实验内容分为必做部分和选作部分两项内容。

(一) 必做部分

1. 光敏电阻的特性测试

图 4.9.13 为光敏电阻特性实验电路图。

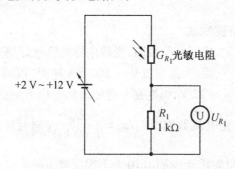

图 4.9.13　光敏电阻的特性测试电路图

(1) 光敏电阻的伏安特性测试

① 按实验仪面板示意图接好实验线路,光源用标准钨丝灯,将检测用光敏电阻装入待测点,连结 +2 ~ +12 V 电源,光源电流 0 ~ 500 mA 电源(可调)。

② 先将可调光源调至一定的光照度,每次在一定的光照条件下,测出加在光敏电阻上电压为 +2 V,+4 V,+6 V,+8 V,+10 V,+12 V 时电阻 R_1 两端的电压 U_R,从而得到 6 个光电流数据 $I_{PN} = \dfrac{U_R}{1.00 \text{ k}\Omega}$,同时算出此时光敏电阻的阻值,即 $R_g = \dfrac{U_{CC} - U_R}{I_{PN}}$。以后调节相对光强重复上述实验(要求至少在三个不同照度下重复以上实验)。

③ 将实验数据填入表 4.9.1、表 4.9.2、表 4.9.3 并画出光敏电阻的一组伏安特性曲线。

表 4.9.1　光敏电阻伏安特性测试数据表(照度：　　)

电压 /V	2	4	6	8	10	12
U_R/V						
电阻 /Ω						
光电流 /A						

表 4.9.2　光敏电阻伏安特性测试数据表(照度：　　)

电压 /V	2	4	6	8	10	12
U_R/V						
电阻 /Ω						
光电流 /A						

表4.9.3　光敏电阻伏安特性测试数据表(照度：　　)

电压/V	2	4	6	8	10	12
U_R/V						
电阻/Ω						
光电流/A						

(2) 光敏电阻的光照特性测试

① 按电路图(图4.9.13)接好实验线路,光源用标准钨丝灯,将检测用光敏电阻装入待测点,连结 +2 ~ +12 V 电源,光源电流 0 ~ 500 mA 电源(可调)。

② 从 $U_{CC} = 0$ 开始到 $U_{CC} = 12$ V,每次在一定的外加电压下测出光敏电阻在相对光照度从"弱光"到逐步增强的光电流数据,即:$I_{PN} = \dfrac{U_R}{1.00 \text{ k}\Omega}$,同时算出此时光敏电阻的阻值,即:$R_g = \dfrac{U_{CC} - U_R}{I_{PN}}$。这里要求至少测出10个不同照度下的光电流数据,尤其要在弱光位置选择较多的数据点,以使所得到的数据点能够绘出完整的光照特性曲线。

③ 将实验数据填入表4.9.4、表4.9.5、表4.9.6并画出光敏电阻的一组光照特性曲线。

表4.9.4　光敏电阻光照特性测试数据表(电压：　　)

照度/lx										
U_R/V										
光电流/A										

表4.9.5　光敏电阻光照特性测试数据表(电压：　　)

照度/lx										
U_R/V										
光电流/A										

表4.9.6　光敏电阻光照特性测试数据表(电压：　　)

照度/lx										
U_R/V										
光电流/A										

2. 硅光电池的特性测试

面板使用说明:开关 K 指向 U_{OC} 时,电压表测量开路电压 U_{OC},开关指向 I_{SC} 时,R_{x1} 短路,电压表测量电阻电压 U_{R_1}。

(1) 硅光电池的短路电流特性测试

① 实验线路见图 4.9.14,将 R_{x1} 短路。

② 先将可调光源调至一定的照度下,测出该照度下硅光电池的短路电流 I_{SC} 数据,其中短路电流为 $I_{SC} = \dfrac{U_R}{1\ \text{k}\Omega}$(近似值,1 kΩ 为取样电阻),以后逐步改变可调光源的照度(8 ~ 10 次),重复测出短路电流。

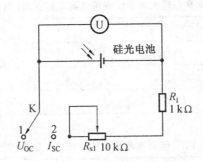

图 4.9.14　硅光电池的特性测试电路图

③ 将实验数据填入表 4.9.7 并画出硅光电池的短路电流特性曲线。

表 4.9.7　硅光电池的短路电流特性测试

照度 /lx									
U_{R_1}/V									
光电流 /A									

(2) 硅光电池的开路电压特性测试

① 实验线路见图 4.9.14。

② 先将可调光源调至一定的照度下,测出该照度下硅光电池的开路电压 U_{OC} 和短路电流 I_{SC} 数据,其中短路电流为 $I_{SC} = \dfrac{U_R}{1\ \text{k}\Omega}$(近似值,1 kΩ 为取样电阻),以后逐步改变可调光源的照度(8 ~ 10 次),重复测出开路电压和短路电压。

③ 将实验数据填入表 4.9.8 并画出硅光电池的开路电压特性曲线。

表 4.9.8　硅光电池的照度特性测试

照度 /lx									
U_{OC}/V									

(3) 硅光电池的伏安特性测试

① 按照图 4.9.14 所示连接好实验线路,其中电阻箱为外置电阻箱(从 0 调至 10 000 Ω),由实验者自行连接到电路中。光源用标准钨丝灯,将待测硅光电池装入待测点,光源电流 0 ~ 500 mA(可调)。

② 先将可调光源的光强调至一定的照度,每次在一定的照度下,调节可调电阻箱的

阻值,然后测出一组硅光电池的开路电压 U_{OC} 和取样电阻 R_1 两端的电压 U_{R_1},则光电流 I_{SC} = $\dfrac{U_R}{1\ \text{k}\Omega}$(1 kΩ 为取样电阻的阻值),这里要求至少测出 10 个数据点,以绘出完整的伏安特性曲线。以后逐步选择不同的光照度(至少 3 个),重复上述实验。

③将实验数据填入表 4.9.9、表 4.9.10、表 4.9.11 并画出硅光电池的一组伏安特性曲线。

表 4.9.9　硅光电池伏安特性测试数据表(照度:　　)

R_{x1}/Ω											
U_{OC}/V											
U_{R_1}/V											
光电流 /A											

表 4.9.10　硅光电池伏安特性测试数据表(照度:　　)

R_{x1}/Ω											
U_{OC}/V											
U_{R_1}/V											
光电流 /A											

表 4.9.11　硅光电池伏安特性测试数据表(照度:　　)

R_{x1}/Ω											
U_{OC}/V											
U_{R_1}/V											
光电流 /A											

(二)选做部分

1. 光敏二极管的特性测试实验

(1)光敏二极管的伏安特性测试实验

①按图 4.9.15 连接好实验线路,光源用标准钨丝灯,将待测硅光敏二极管装入待测点,光源电流 0 ~ 500 mA 电源(可调)。

②将可调光源调至一定的照度,每次在一定的照度下,测出加在光敏二极管上的反偏电压与产生的光电流的关系数据,其中光电流 $I_{PN} = \dfrac{U_R}{1.00\ \text{k}\Omega}$(1.00 kΩ 为取样电阻),以后逐步调大相对光强(3 次),重复上述实验。

③将实验数据填入表 4.9.12、表 4.9.13、表 4.9.14 并画出光敏二极管的一组伏安特性曲线。

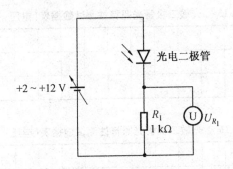

图 4.9.15　光敏二极管的伏安特性测试电路图

表 4.9.12　光敏二极管伏安特性测试数据表(照度：　　)

电压/V	2	4	6	8	10	12
U_R/V						
电阻/Ω						
光电流/A						

表 4.9.13　光敏二极管伏安特性测试数据表(照度：　　)

电压/V	2	4	6	8	10	12
U_R/V						
电阻/Ω						
光电流/A						

表 4.9.14　光敏二极管伏安特性测试数据表(照度：　　)

电压/V	2	4	6	8	10	12
U_R/V						
电阻/Ω						
光电流/A						

(2) 光敏二极管的光照度特性测试

① 实验线路同图 4.9.15。

② 选择一定的反偏压,每次在一定的反偏压下测出光敏二极管在相对光照度为"弱光"到逐步增强的光电流数据,其中 $I_{PN}=\dfrac{U_R}{1.00\ \text{k}\Omega}$(1.00 kΩ 为取样电阻)。这里要求至少测出 3 个不同的反偏电压下的数据。

③ 将实验数据填入表 4.9.15、表 4.9.16、表 4.9.17 并画出一族光敏二极管的光照特性曲线。

表 4.9.15　光敏二极管光照特性测试数据表（电压：　　　）

照度 /lx										
U_R/V										
光电流 /A										

表 4.9.16　光敏二极管光照特性测试数据表（电压：　　　）

照度 /lx										
U_R/V										
光电流 /A										

表 4.9.17　光敏二极管光照特性测试数据表（电压：　　　）

照度 /lx										
U_R/V										
光电流 /A										

2. 光敏三极管的特性测试实验

（1）光敏三极管的伏安特性测试实验

① 按图 4.9.16 连接好实验线路，光源用标准钨丝灯，将待测光敏三极管装入待测点，光源电流 0～500 mA 电源（可调）。

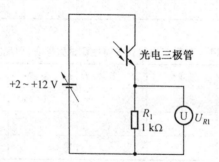

图 4.9.16　光敏三极管的特性测试电路图

② 将可调光源调至一定的照度，每次在一定光照条件下，测出加在光敏三极管的偏置电压 U_{CE} 与产生的光电流 I_C 的关系数据。其中光电流为 $I_C = \dfrac{U_R}{1.00 \text{ k}\Omega}$（1.00 kΩ 为取样电阻），以后选择不同的照度（至少 3 个），重复上述实验。

③ 将实验数据填入表 4.9.18、表 4.9.19、表 4.9.20 并画出光敏三极管的一组伏安特性曲线。

表 4.9.18　光敏三极管伏安特性测试数据表(照度：　　　)

电压/V	2	4	6	8	10	12
U_R/V						
电阻/Ω						
光电流/A						

表 4.9.19　光敏三极管伏安特性测试数据表(照度：　　　)

电压/V	2	4	6	8	10	12
U_R/V						
电阻/Ω						
光电流/A						

表 4.9.20　光敏三极管伏安特性测试数据表(照度：　　　)

电压/V	2	4	6	8	10	12
U_R/V						
电阻/Ω						
光电流/A						

(2) 光敏三极管的光照度特性测试实验

① 实验线路如图 4.9.16 所示。

② 选择一定的偏置电压,每次在一定的偏置电压下测出光敏三极管在相对光照度为"弱光"到逐步增强的光电流 I_C 数据,其中 $I_C = \dfrac{U_R}{1.00\ \text{k}\Omega}$ (1.00 kΩ 为取样电阻)。这里要求至少测出三个反偏电压下的光照特性曲线。

③ 将实验数据填入表 4.9.21、表 4.9.22、表 4.9.23 并画出光敏三极管的一族光照特性曲线。

表 4.9.21　光敏三极管光照特性测试数据表(电压：　　　)

照度/lx								
U_R/V								
光电流/A								

表 4.9.22　光敏三极管光照特性测试数据表（电压：　　）

照度 /lx								
U_R/V								
光电流 /A								

表 4.9.23　光敏三极管光照特性测试数据表（电压：　　）

照度 /lx								
U_R/V								
光电流 /A								

【注意事项】

在电路连接的时候注意连接时关闭电源,当电路连接好确认无误后,再开始实验。

【思考题】

1. 在正向偏压状态下,光电二极管受到光照射时候有没有光电流通过？为什么光电二极管不像普通的二极管那样工作在正向偏压状态下？

2. 能否用伏安法测二极管、三极管的伏安特性？

【附录】

附表 4.9.1　电流与照度表

序号	光源电流/mA	光照度 /lx	序号	光源电流/mA	光照度 /lx
1	20	290	7	120	500
2	20	290	8	140	530
3	40	350	9	160	555
4	60	400	10	180	580
5	80	445	11	200	600
6	100	470	12	220	625

第5章

光学实验

5.1 迈克尔逊干涉仪的调整与使用

引 言

19世纪初开始,物理学界对光的干涉现象进行了大量研究,1883年,美国物理学家迈克尔逊和莫雷为了研究"以太"漂移现象而设计制作了迈克尔逊干涉仪,它否定了"以太"的存在,发现真空中的光速为恒定值,为爱因斯坦相对论奠定了基础。同时,迈克尔逊干涉仪被用来研究光谱线的精细结构和测定国际标准米尺的长度。迈克尔逊因研制出精密的光学仪器和用其进行的光谱学和度量学方面的研究,并精密测出光速,于1907年获得了诺贝尔物理学奖。

迈克尔逊干涉仪是用分振幅法将一束光分成两束光用以实现干涉的精密光学仪器。其设计巧妙、结构简单、光路直观、测量精度高、用途广泛、包含丰富的实验思想,是近代许多干涉仪的原型。

光的干涉是两列频率相同、振动方向相同、相位差恒定的相干光,在空间叠加区域光强重新分布而发生相互加强和相互减弱的现象。我们知道,虽然光的波长很短($4\times10^{-7} \sim 8\times10^{-7}$m),但干涉时间和干涉条纹却可以很容易被观测到,根据干涉条纹的数目、间距变化、光程差、波长之间的关系式,可以推算微小长度变化(光波波长数量级)和微小角度变化等。本实验就是用迈克尔逊干涉仪来测量光波的波长。

【实验目的】
1. 掌握迈克尔逊干涉仪的结构、原理和调节方法。
2. 理解等倾干涉的原理,观察等倾干涉条纹的特点。
3. 用迈克尔逊干涉仪测定He-Ne激光的波长。

【实验仪器】
迈克尔逊干涉仪,He-Ne激光器,扩束镜。

【实验原理】
1. 迈克尔逊干涉仪的结构和光路

迈克尔逊干涉仪如图5.1.1所示。它主要由四个高品质的光学镜片和一套精密的机械传动系统组成,它们被固定在一个稳定的底座2上。11(G_1)被称为分光板,它的第二平面上镀有半反半透膜L,反射率约为50%,可将入射光分成振幅接近相等的反射光束①(见图5.1.2)和透射光束②,它与12(G_2)是两块厚度相同、材料相同的平行、平面玻璃板;G_2补偿了光线①和②因穿越G_1次数不同而产生的光程差,因而G_2被称为补偿板;15(M_1)、10(M_2)是两块在相互垂直的两臂上放置的平面全反射镜,其中15(M_1)是可动的,称为可动全反射镜,它由移动拖板9带动可在导轨1上作前、后移动,移动的距离由刻度转盘(由粗读和细读两组刻度盘组合而成)读出,在其背后有螺丝14用于镜面的微调;10(M_2)是固定的,称为固定全反射镜,它的背后也有用于微调的螺丝14。它们与平行平面玻璃板G_1、G_2成45°角。

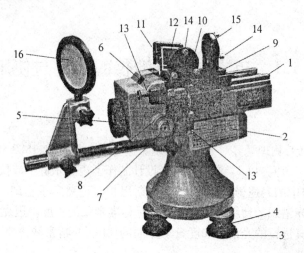

1—导轨 2—底座 3—水平调节螺丝 4—螺母 5—粗调手轮 6—粗调视窗 7—微调手轮 8—刻度轮2 9—移动拖板 10—固定全反射镜M_2 11—分光板G_1 12—补偿板G_2 13—微调拉簧螺丝 14—微调螺丝 15—可动全反射镜M_1 16—观察屏

图5.1.1 迈克尔逊干涉仪实物图

迈克尔逊干涉仪产生干涉条纹的光路如图5.1.2所示,从单色光源S发出的光,以45度角入射到分光板G_1后,被分光板上的半反半透膜L分成两部分:反射光①和透射光②;反射光束①向着可动全反射镜M_1前进,被M_1反射后透过分光板G_1到达观察屏上E处;假设没有补偿板,透射光束②透过分光板G_1向着固定全反射镜M_2前进,被M_2反射后又被分光板G_1的半反半透膜L反射,光束②也到达E处。由于光束①经过分光板3次,而光束②只经过分光板1次,为了补偿由此产生的光程差,在光束②的光路中加入了第二块玻璃板,即补偿板G_2,这样,光束①和光

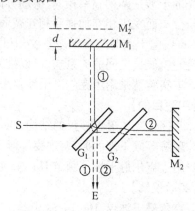

图5.1.2 迈克尔逊干涉仪光路图

束②都经过 3 次玻璃板,两光束在玻璃中产生的光程差便被补偿掉。于是,计算这两束光的光程差时,只需要计算两束光在空气中的光程差就可以了。由于光在分光板 G_1 的半反半透膜 L 上被反射或透射,则 M_2 相对于分光板 G_1 的半反半透膜 L 在 M_1 附近形成一虚像 M'_2,光束①和光束②被可动全反射镜 M_1 和固定全反射镜 M_2 反射,就好像是被镜 M_1 和镜 M_2 的像 M'_2 反射,M_1 和 M'_2 间形成一空气薄膜。则计算光束①和光束②的光程差就是计算这两光束在空气薄膜处产生的光程差。由此可见,在迈克尔逊干涉仪中所产生的干涉也就是厚度为 d 的空气膜所产生的干涉。

2. 干涉条纹

当 M_1 和 M'_2 平行时(也就是 M_1 和 M_2 恰好互相垂直),在迈克尔逊干涉仪的观察屏上将观察到圆环形条纹(等倾干涉条纹)如图 5.1.3 所示。

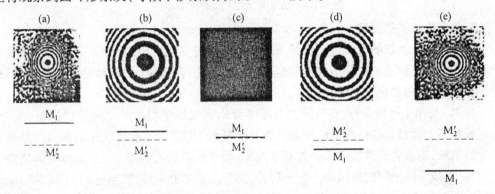

图 5.1.3 等倾干涉条纹

当 M_1 和 M'_2 不平行时(也就是 M_1 和 M_2 不互相垂直),将观察到直线形干涉条纹(等厚干涉条纹),如图 5.1.4 所示。

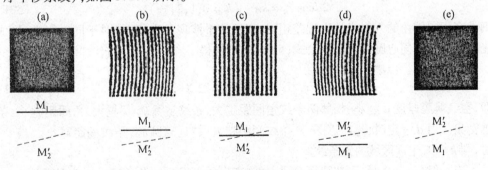

图 5.1.4 等厚干涉条纹

本实验中用 He-Ne 激光器作为光源入射到迈克尔逊干涉仪上,在光路中加入扩束镜(一个短焦距透镜),将激光汇聚成一个强度很高的点光源 S,点光源发出球面波,照射迈克尔逊干涉仪时经分光板 G_1 分束,再经 M_1、M_2 反射后的光束,相当于两个点光源 S_1 和 S'_2 发出的相干光束入射观察屏,S_1 可以看成是点光源 S 经 M_1 所成的等效光源,S'_2 是 S 经 M'_2 所成的等效光源,S_1 和 S'_2 是一对相干点光源,且它们的距离为 M'_2 和 M_1 的距离 d 的 2 倍,即 $2d$。这样,只要观察屏放置在两点光源 S_1 和 S'_2 发出的光波的叠加区域内,都能看到干涉现象,产生的条纹称为非定域干涉条纹。当观察屏垂直于轴线时,如图 5.

1.5 所示。调节 M_1 和 M_2 的倾角观察到等倾干涉条纹。

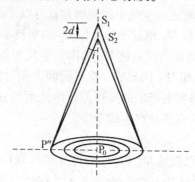

图 5.1.5　点光源产生的等倾干涉条纹

3. 单色光波长的测定

迈克尔逊干涉仪的许多应用都是通过观测条纹的变化实现的,干涉条纹的变动是由于相干光之间光程差的改变造成的,光程差改变的原因有三个:光源移动;装置结构的改变;光路中介质的变化。

若 M_1 与 M_2' 严格平行,空气薄膜的厚度为 d,观察屏平行于可动全反射镜 M_1 放置,则在观察屏上能够看到一组明暗相间的圆环形等倾干涉条纹(若观察屏上看到的是椭圆形干涉条纹,则表明观察屏不严格垂直于 S_1S_2' 轴线),其圆心位于 S_1S_2' 轴线与屏的焦点上,产生等倾干涉条纹的原因是产生光程差,对于迈克尔逊干涉仪,点光源由 M_1 和 M_2 反射后的两列相干光波的光程差为

$$\delta = 2d\cos i \tag{5.1.1}$$

其中 i 为 S_1 射到观察屏上 P'' 的光线与 S_1 到 P_0 的光线之间的夹角。产生亮条纹的条件是

$$2d\cos i_k = k\lambda \quad (k = 0,1,2,\cdots) \tag{5.1.2}$$

则具有相同倾角的入射光的光程差相同,产生的干涉现象也相同,对于同一级次,形成以光轴为圆心的同心圆环。根据公式(5.1.2)可推得

$$\Delta i = \frac{\lambda}{2d\sin i} \approx \frac{\lambda}{2di} \tag{5.1.3}$$

即,空气薄膜厚度 d 越小,相邻两条纹角间距越大,条纹越稀疏;d 越大,角间距越小,条纹越密集。当 d 一定时,越靠近圆心,条纹间距越大;越远离圆心,条纹间距越小。当 $d = 0$ 时,则 $k = 0$,干涉区域内无条纹。

当入射角 $i = 0$ 时,干涉圆环在圆心处,产生的光程差最大,式(5.1.2)变为

$$2d = k\lambda \quad (k = 0,1,2,\cdots) \tag{5.1.4}$$

式中,k 为圆环形等倾干涉条纹最高级次。

当 M_1 和 M_2' 的间距 d 逐渐增大时,为了满足式(5.1.4),圆心条纹的级次 k 越来越高,圆心处将有条纹不断"冒"出,且每当空气薄膜厚度 d 增加 $\lambda/2$ 时,就有一个条纹从圆心"冒"出;反之,当薄膜厚度 d 减小时,最靠近圆环中心的条纹将一个一个地"陷"入进去,且每"陷"入一个条纹,空气薄膜厚度改变 $\lambda/2$。

因此,当可动全反射镜 M_1 移动时,若有 N 个条纹"陷"入中心,则表明 M_1 相对于 M_2'

移近了 Δd。反之,若有 N 个条纹从中心涌出来时,则表明 M_1 相对于 M_2' 移远了同样的距离,即可动全反射镜 M_1 移动了 Δd 的距离,相应的观察屏上将有 N 个条纹"冒"出或"陷"入。也即

$$\Delta d = N \cdot \frac{\lambda}{2} \tag{5.1.5}$$

从迈克尔逊干涉仪上读取可动全反射镜 M_1 移动的距离 Δd,并在观察屏上数出相应的圆心处条纹变化数 N,代入公式(5.1.5),即可计算出入射光波的波长 λ。

【实验内容及步骤】

1. 调节方法

(1) 调节迈克尔逊干涉仪使导轨大致水平;调节粗调手轮,使可动全反射镜大致位于导轨的 15~40 mm 处;目测激光器是否水平,若不平调节倾角螺丝,并使激光器垂直于固定全反射镜;放松两平面镜背后的微调螺丝,使平面镜倾角有调节的余地,并使微调拉簧螺丝松紧适中。

(2) 打开激光器:① 检查电流调节旋钮是否逆时针旋转到底,调电流最小;② 插入激光电源插头(激光器上电源指示红灯被点亮);③ 打开激光电源上的电源开关,电流表指针在零点附近晃动,④ 顺时针缓慢调节电流旋钮,使指针指到 6~8 mA 之间,此时电流表上指针稳定,激光器发射出稳定激光束。

(3) 调节激光器出射方向,微调激光器倾角螺丝,使激光器发射的激光束从分光板中央穿过,垂直射向固定全反射镜;微调两全反射镜背后的微调螺丝,使出射光束沿原路返回。

(4) 在观察屏上可见两排亮点,继续微调两反射镜背后螺丝,使观察屏上两排亮点中的最亮点重合,仔细观察可见重合的亮点上有很细小的黑条纹(此时,M_1 与 M_2 基本垂直,M_1 与 M_2' 基本平行)。

(5) 在激光器出射的光路中放置一短焦距扩束镜,使入射到分光板上的激光束亮点变成一片红光,此时在观察屏上可见等倾干涉条纹;若观察屏上看不到圆环形条纹的圆心,则仔细调节微调拉簧螺丝,直至在观察屏上看到圆心位于屏中央的等倾干涉条纹(此时 M_1 与 M_2' 严格平行)。

2. 观察 He-Ne 激光的等倾干涉条纹

(1) M_1 与 M_2' 严格平行是调好干涉条纹的关键,M_1 与 M_2' 位置的信息在等倾干涉条纹上都能显现出来,通过对干涉条纹形状和变化过程的分析,能清楚它们的位置变化,及要达到理想效果需要做哪些调整。

(2) 改变可动全反射镜 M_1 的位置,进而改变 M_1 和 M_2' 组成的空气薄膜的厚度,观察屏上等倾干涉条纹的圆心条纹"冒"出或"陷"入。

(3) 向某一方向旋转微调手轮,则由精密机械传动系统推动可动全反射镜 M_1 在导轨上移动,但由于仪器读数的机械装置为螺纹结构,因此存在空程差。在实验过程中,一旦开始读取数据,不允许将微调手轮向反方向旋转,否则由于空程差的存在测量结果将不可用。

(4) 在测量前对仪器进行调零:将微调手轮向读数增大(或减小)方向转动,至读数

窗口开始变化,并继续调节至微调手轮读数为零;沿同方向转动粗调手轮,使粗调视窗读数为零(这是由于旋转微调手轮时,粗调手轮被带动旋转,此时无空程差,当转动粗调手轮时,微调手轮却不动);注意,调整及以后的测量过程中,微调手轮的转动方向不变,否则要重新调零。

3. 测量 He – Ne 激光的波长

(1) 以观察屏上圆心条纹的某一状态为起点 d_0(圆心条纹变化零环),分别在水平导轨(只读出整数部分)、粗调旋转手轮上的粗调视窗(读到小数点后两位)和微调手轮(读出整数部分并估读到小数点下一位)的读数罗列起来作为可动全反射镜 M 的位置。

(2) 旋转微调手轮,在观察屏上干涉条纹圆心每"冒"出或"陷"入 50 个圆环时,分别在导轨、粗调视窗、微调手轮上读取数据。例如,从导轨上读取 37,粗调视窗上读取 0.62,从微调手轮上读取 15.0,则起点 d_0 时可动全反射镜 M_1 位置为 37.621 50 mm。如此重复直到观察屏上等倾干涉条纹变化了 350 环,将观察数据记录于表 5.1.1 中。

表 5.1.1 可动全反射镜位置变化表

环数	读数位置			
	水平导轨	粗调视窗	微调手轮	可动全反射镜 M_1 位置
起点 d_0				
第 50 环				
第 100 环				
第 150 环				
第 200 环				
第 250 环				
第 300 环				
第 350 环				

(3) 将得到的 8 组数据用逐差法进行处理,得到圆心条纹每变化 200 环时 M_1 镜移动距离的算术平均值。

(4) 根据公式 $\Delta d = N \cdot \dfrac{\lambda}{2}$,求出 He – Ne 激光的波长 λ。

(5) 由 He – Ne 激光的标准波长值 $\lambda_0 = 632.8$ nm,计算实际测量结果的相对误差与绝对误差。

绝对误差:$\Delta \lambda = |\lambda - \lambda_0|$;

相对误差:$E = \dfrac{|\lambda - \lambda_0|}{\lambda_0} \times 100\%$。

【注意事项】

1. 迈克尔逊干涉仪是精密光学仪器,使用前必须熟悉使用方法,然后再动手调节。
2. 使用过程中绝对不允许用手摸、揩各镜面及光学玻璃器件,镜面若发现有尘埃,应该用镜头纸轻轻揩擦或用吹风机吹去。

3. 在调节和测量过程中,一定要非常细心,特别是转动粗、微调手轮时要缓慢、均匀。为了避免转动手轮时引起空程,在使用时必须沿同一方向旋转手轮,不得中途倒转,如需要反向测量,应重新调节零点。

4. 实验前和实验后,所有调节螺丝均应处于放松状态,调节时应先使之处于中间状态,以便有双向调节的余地,调节动作要均匀、缓慢。

5. 千万不要用眼睛直接看激光。

【思考题】

1. 当干涉圆环"冒"出和"陷"入时,M_1 和 M'_2 组成的空气薄膜的厚度如何变化?

2. 每"冒"出或"陷"入一个条纹,光程差变化多少?

【附录】

He – Ne 激光器

激光是一种亮度高、单色性好、方向性强、相干性好的比较理想的光源。激光是激活物质受激辐射而发出的光。

He – Ne 激光器的工作物质为氖,辅助气体为氦,输出光的波长为 632.8 nm。它在激光导向、准直、测距和全息照相等许多方面都有应用。它的构造包括放电管、储气套、电极、反射镜和工作物质等。从结构上又有外腔式、半外腔式和内腔式三种。

物理实验所使用的 He – Ne 激光器多为内腔式,其谐振腔长约 250 mm,正电极用钨棒,负电极用铝皮圆筒,放电管内充有氦、氖混合气体,两端用镀有多层介质膜的反射镜封闭,构成谐振腔,光在两镜面间反射,形成持续振荡(外腔式的两反射镜安装在管外,便于调节和更换,放电管的窗口与管轴成布儒斯特角,发出的光为完全偏振光)。

光源与其他仪器一样,为了延长使用寿命,精心维护、遵守操作规章、安全操作等都是十分重要的。一般应注意:

(1) 各种光源都有特定的点燃电压,有的用直流,有的用交流。在直流状态下工作时,要注意电源的极性,不能接反。在实验前必须严格检查电源是否符合要求,线路是否正确无误,确认无误后方可点燃使用。

(2) 激光对眼睛有伤害,实验时尽量避免直接对着光源,最好戴防护眼镜。

(3) 高压电源有触电危险,使用时禁止触摸电极和导线,电源外壳要接地。

(4) 灯管必须按照规定的方式安放。要防止颠覆倾倒、震动和破损。废管也要妥善处理。

5.2 分光计的调整与使用

引 言

分光计是用来精确测量入射光线和出射光线之间夹角的一种光学测量仪器,又称测角仪。我们知道,光线入射到光学元件(如平面镜、三棱镜、光栅等)上,会发生反射、折射、衍射现象,分光计的基本工作原理是:让光线通过平行光管的狭缝和聚焦透镜形成一束平行光线,经过光学元件的反射或折射后进入望远镜物镜并成像在望远镜的焦平面上,通过目镜进行观察和测量各种光线的偏转角度,从而得到光学参量。分光计可以精确测量棱镜的顶角、最小偏向角、光学平面的夹角等,还可以通过角度测量间接测量棱镜的折射率、光栅常数、光栅的分辨率、光波长等。

分光计又是一种具有代表性的基本光学仪器,许多常用的光学仪器(如单色仪、色谱仪、分光光度计等)的基本结构也与之类似,分光计在使用中所涉及的光学元件的共轴调节、望远镜和平行光管调平,不仅是正确使用分光计必须掌握的,也是光学实验中必须掌握的基本技能,因此,学好分光计的调节和使用方法,可为今后光学实验中使用其他精密光学仪器打下良好基础。

为了保证测量结果的精确度,在使用前需要对分光计进行调节,即焦距调节、消除视差、自准直、逐次逼近、测微等多种光学实验的基本技术。分光计的调整与使用是大学物理光学实验中的重要实验之一。

【实验目的】

1. 了解分光计的原理与结构,掌握调节分光计的方法。
2. 掌握三棱镜顶角的测量方法。
3. 用最小偏向角法测定玻璃折射率。

【实验仪器】

JJYa型分光计,钠光灯,平行平面镜,三棱镜。

【实验原理】

1. **分光计的结构**

要准确测量入射角和出射角之间的偏转角度,必须满足两个条件:① 入射光与出射光均为平行光束;② 入射光与出射光的方向以及反射面或折射面的法线都与分光计的刻度盘平行。为此,分光计上装有用来产生平行光的平行光管,用来接受平行光的望远镜,和用来放置光学小元件的载物台;这三者的方位都可以通过调节各自的螺丝作适当的调整。为了准确读出测量角度,分光计配有可与望远镜连接在一起的刻度盘,分光计的结构如图5.2.1所示,下面介绍各主要部件,见表5.2.1。

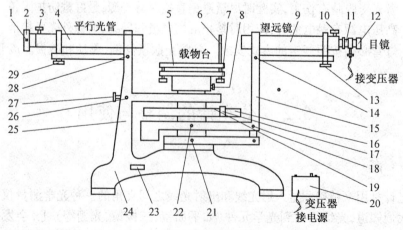

图5.2.1 分光计结构图

表 5.2.1 分光计各部分作用

代号	名　　称	作　　用
1	狭缝宽度调节螺丝	调节狭缝宽度,改变入射光宽度
2	狭缝装置	
3	狭缝装置锁紧螺丝	松开时,前后拉动狭缝装置,调节平行光。调好后锁紧,用来固定狭缝装置
4	平行光管	用来产生平行光
5	载物台	放置光学元件。台面下方装有三个细牙螺丝7,用来调整台面的倾斜度。松开螺丝8时,载物台可升降、可转动
6	夹持待测物簧片	夹持载物台上的光学元件
7	载物台调节螺丝(3只)	调载物台台面水平度
8	载物台锁紧螺丝	松开时,载物台可单独转动和升降;锁紧后,可使载物台与读数游标盘同步转动
9	望远镜	观测平行光经光学元件作用后的光线
10	目镜装置锁紧螺丝	松开时,目镜装置可伸缩和转动(望远镜调焦);锁紧后,固定目镜装置
11	阿贝式自准目镜装置	可伸缩和转动(望远镜调焦)
12	目镜调焦手轮	调节目镜焦距,使分划板、叉丝清晰
13	望远镜光轴仰角调节螺丝	调节该螺丝,可使望远镜在垂直面内转动
14	望远镜光轴水平调节螺丝	调节该螺丝,可使望远镜在水平面内转动
15	望远镜支架	
16	游标盘	盘上直径两端设置两游标
17	游标	分成30小格,每一小格对应角度1′
18	望远镜微调螺丝	该螺丝位于图5.2.1的反面。锁紧望远镜支架制动螺丝21后,调节螺丝18,使望远镜支架作小幅度转动
19	刻度盘	分为360°,最小刻度为0.5度(30′)
20	目镜照明电源	打开该电源20,从目镜中可看到一绿斑和黑十字
21	望远镜支架制动螺丝	该螺丝位于图5.2.1的反面。锁紧后,只能用望远镜微调螺丝18使望远镜支架作小幅度转动
22	望远镜支架与刻度盘锁紧螺丝	锁紧后,望远镜与刻度盘同步转动
23	分光计电源插座	
24	分光计三角底座	是整个分光计的底座。底座中心有沿铅直方向的转轴套,望远镜部件整体、刻度圆盘和游标盘可分别独立绕该中心轴转动。平行光管固定在三角底座的一只脚上
25	平行光管支架	

续表 5.2.1

代号	名称	作用
26	游标盘微调螺丝	锁紧游标盘制动螺丝 27 后,调节螺丝 26 可使游标盘作小幅度转动
27	游标盘制动螺丝	锁紧后,只能用游标盘微调螺丝 26 使游标盘作小幅度转动
28	平行光管光轴水平调节螺丝	调节该螺丝,可使平行光管在水平面内转动
29	平行光管光轴仰角调节螺丝	调节该螺丝,可使平行光管在垂直面内转动

(1) 自准直望远镜

自准直望远镜在分光计中用来观察平行光行进的方向,如图 5.2.2 所示,它由长焦距物镜 2、分划板 3 和短焦距目镜 7 组成;它们分别被装在三个套管里,彼此可以相对滑动用来调节;中间的套筒里装有一块分划板,其上刻有"十"形准线;分划板下方与小棱镜 6 的一个直角面紧贴着,在这个直角面上刻有一个十字形的透光度;套筒上正对棱镜另一直角面处开有小孔,并装有小绿灯;小灯的光进入小孔后经小棱镜照亮十字透光窗;如果透光窗平面正好处于物镜的焦平面上,则从透光窗发出的光经物镜后成一平行光束;若前方有一个平面镜将这束平行光反射回来,再经物镜成像于其焦平面上,那么从目镜中分划板上可看到"十"形准线与十字透光窗的反射像,并且没有视差。这就是用自准直法调节望远镜适合观察平行光的原理。当望远镜的光轴与主光轴垂直时,在目镜里可看到十字像与分划板上"十"型准线的上准线重合。

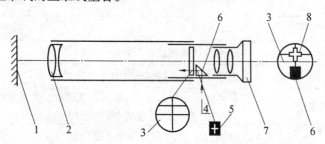

1— 平面镜　2— 物镜　3— 分划板　4— 入射光　5— 十字透光窗　6— 小棱镜
7— 目镜　8— 十字反射像

图 5.2.2　自准直望远镜结构

(2) 平行光管

平行光管是一个产生平行光的装置,它由一个宽度和位置均可调节的狭缝 1 和一个会聚透镜 3 组成。如图 5.2.3 所示,狭缝与透镜之间的距离可以通过伸缩狭缝套筒来调节,狭缝处于透镜焦平面时,从狭缝发出的光经透镜后就成为平行光。狭缝的刀口经过精密的研磨制成,为避免损伤狭缝,只有在望远镜中看到狭缝像的情况下才能调节狭缝的宽度 2。

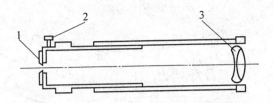

1— 夹缝　2— 夹缝宽度调节螺丝　3— 凸透镜
图 5.2.3　平行光管结构

(3) 载物台

载物台用来放置光学元器件,如平面镜、三棱镜、光栅等。它由两个圆形平板和连接两个平板的三个可调螺钉构成。如图 5.2.1 所示,载物台下面的平板固定于套在主轴上的套筒上,上面的一个平板可通过调节 3 个可调螺丝 7 改变其高度和表面水平。

(4) 读数装置

读数装置由一个刻度圆盘和两个游标圆盘组成,如图 5.2.4 所示。其中刻度圆盘与望远镜相连,游标盘与载物台相连。刻度圆盘垂直于分光计主轴并且可绕主轴转动,为了准确读数,将刻度圆盘平均分为 720 等份,最小分度值为 0.5°(即 30′);为了消除刻度盘与游标盘的偏心差(刻度盘与游标盘轴心不重合而带来的读数误差),故采用两个相差 180° 的游标读数,游标上的 30 个格与度盘上的 29 个格角度相等,游标圆盘的最小分度值为 1′。在测量光线的角位置时,30′ 以下需用游标盘读数,并分别记下两个游标对应的读数。

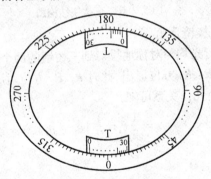

图 5.2.4　读数装置结构

读数时应先看游标零刻线所对应的刻度圆盘上的数值,数值是多少度多一点或多少度三十分多一点,再看游标上第多少根刻度线与圆盘上刻度线对齐,游标上的第多少根刻度线与圆盘上刻度线正对齐,即记为多少分,最后读数为刻度圆盘读取数据与游标读取数值之和。例如读取图 5.2.5 所示的数值,先看游标零刻线所对应刻度圆盘上的数值是多少,从图可见为 334°30′ 多一点;再看游标上第多少根刻度线与圆盘上刻度线正对齐,从图可见游标上第 17 根刻度线恰好与刻度盘上某一刻度线对齐,记为 17′,因此该读数为

$$334°30′ + 17′ = 334°47′$$

测量时要注意:当望远镜(或载物台)沿角度增加方向转动某角度 $θ′$,且过读数盘中的 360° 时,实际转角应为 $θ′ = (360° + θ′_1) - θ′_2$,当望远镜(或载物台)沿角度减小的方向转动某角度 $θ′$ 时,实际转角应为

$$\theta' = (360° - \theta'_1) + \theta'_2$$

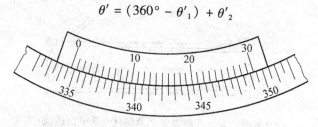

图 5.2.5 分光计读数举例

2. 三棱镜顶角 α 的测量

如图 5.2.6 所示为三棱镜结构图，$ABB'A'$ 侧面和 $ACC'A'$ 侧面是三棱镜的两个透光表面，其夹角 α 称为三棱镜的顶角，$BCC'B'$ 为毛玻璃面，称为棱镜的底面。

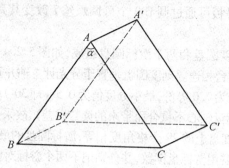

图 5.2.6 三棱镜结构图

（1）用反射法测定三棱镜顶角 α

如图 5.2.7 所示，平行光均匀对称地投射到三棱镜的两个光面 AB、AC 面上，经过 AB、AC 面反射的光线分别沿 R_1、R_2 方位射出，此时 R_1、R_2 方位对应的刻度盘上的角度值分别为 θ_1、θ_2，其夹角记为 θ，由几何关系可知

$$\alpha = \frac{1}{2}\theta = \frac{1}{2}|\theta_1 - \theta_2| \tag{5.2.1}$$

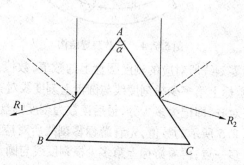

图 5.2.7 反射法测顶角

（2）用自准直法测定三棱镜顶角

如图 5.2.8 所示，三棱镜放置在载物台上，固定载物台的位置，转动望远镜，使望远镜主轴分别垂直于三棱镜 AB、AC 光面，望远镜自身的平行光经过 AB、AC 面反射分别沿 R_1、

R_2 方位射出，R_1、R_2 方位对应的刻度盘上的角度数值分别为 θ_1、θ_2，其夹角记为 φ

$$\varphi = |\theta_2 - \theta_1|$$

由几何关系可得

$$\alpha = 180° - \varphi \tag{5.2.2}$$

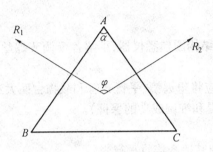

图 5.2.8　自准直法测顶角

3. 三棱镜最小偏向角 δ_{min} 的测量

一束平行单色光入射 AB 面，经折射后从 AC 射出（如图 5.2.9 所示），入射光和出射光之间的夹角 δ 称为偏向角。偏向角的大小随入射角的改变而改变，当入射角 i 等于出射角 i' 时，偏向角有最小值，称为最小偏向角，以 δ_{min} 表示。

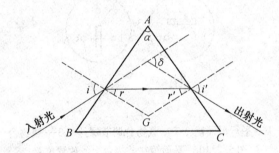

图 5.2.9　单色光经三棱镜折射

由图中可知偏向角

$$\delta = (i - r) + (i' - r')$$

当 $i = i'$ 时，由折射定律

$$\sin i = n\sin r$$

得

$$r = r'$$

则

$$\delta_{min} = 2(i - r) \tag{5.2.3}$$

又由于

$$r + r' = 2r = 180° - G = 180° - (180 - \alpha) = \alpha$$

得

$$r = \frac{\alpha}{2} \tag{5.2.4}$$

从式(5.2.3)和式(5.2.4)得

$$i = \frac{\alpha + \delta_{min}}{2} \tag{5.2.5}$$

由折射定律可得
$$n = \frac{\sin i}{\sin r} = \frac{\sin\dfrac{\alpha + \delta_{\min}}{2}}{\sin\dfrac{\alpha}{2}} \quad (5.2.6)$$

可见，只要得到三棱镜的顶角 α 和最小偏向角 $\delta_{\min}$，就能得到棱镜对单色钠光的折射率。

【实验内容及步骤】

1. 分光计的调节

调节前对应实物和结构图熟悉仪器，了解各个调节螺丝的作用。调节前应该先粗调再细调。

粗调（目测判断），应将望远镜、平行光管和载物台面大致调成水平，并垂直于中心轴（粗调是进行细调的前提和细调成功的保证）。

细调分步如下：

（1）调整望远镜，使其适合接收平行光。

① 调节目镜与叉丝的距离，使视场中能清晰地看到分划板"准线"。

② 按图5.2.10(a)的放置方法，将平面镜置于载物台上，转动载物台，使平面镜正对着望远镜。

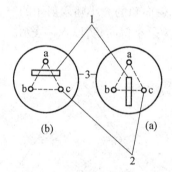

1— 平行平面镜　2— 载物台调节螺丝　3— 载物台
图 5.2.10　平面镜在载物台上的放置位置

③ 点亮望远镜中的小绿灯，从望远镜中寻找平面镜镜面反射回来的"十"字光斑的像，若找不到十字像，多半原因是粗调未达到标准，应重新粗调。

④ 在望远镜分划板中找到十字像后，稍微调节望远镜中的叉丝套筒，改变叉丝到物镜的距离，消除视差，最后从目镜中看到比较清晰的十字像。

（2）调整望远镜，使其光轴垂直于分光计主光轴。

① 为了调节望远镜光轴垂直于分光计主光轴，需要调节十字像与"+"分划板上准线重合。即采用渐进法进行调节，例如，若十字像位于图5.2.11(a)中位置，调节载物台水平调节螺丝，使十字像距离分划板上准线的竖直方向位移减少为原来的一半，位于图5.2.11(b)所示位置；再调节望远镜倾斜度调节螺丝，使十字像在分划板中的位置如图5.2.11(c)所示。

② 将载物台连同平面镜旋转180°，此时观察到的十字像可能与分划板上准线在竖直方向存在位移，即十字像距离分划板上准线偏高或偏低，此时再用渐进法调节至十字像与

第5章 光学实验

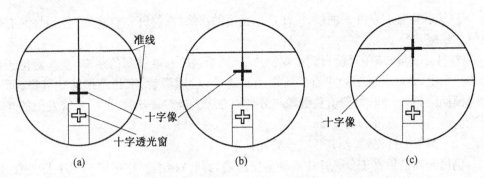

图 5.2.11　十字像在分划板上的位置

分划板上准线重合。

③ 重复步骤②，进行反复调节，直至无论用平面镜的哪个面对准望远镜，其反射的十字像均与望远镜分划板的上准线重合。

(3) 调节载物台。

方法(一)：

将平面镜相对于载物台旋转90°，如图5.2.10(b)所示方法放置，此时载物台上的高度调节螺丝b、c及望远镜上的倾斜度调节螺丝均不能再动，仅调节螺丝a使平面镜反射的十字像与"十"分划板上准线重合。

方法(二)：

三棱镜按图5.2.12放置在载物台上，使载物台上的三个调节螺丝中每两个连线与三棱镜的三条边垂直。以望远镜作为水平标准，转动载物台使AB面正对望远镜，调节a、b螺丝，使十字像与分划板上准线重合(不可调节望远镜上的倾斜度调节螺丝，否则失去标准)；转动载物台使AC面正对望远镜，调节c螺丝，使十字像与分划板上准线重合，再转动载物台使AB面正对望远镜，只调节a螺丝，使十字像与上准线重合，多次调节，直至AB、AC面反射的十字像均与分划板上准线重合为止，即三棱镜的两个光面AB、AC均与分光计主光轴平行。

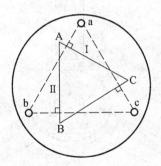

图 5.2.12　调节载物台水平时三棱镜在载物台上的放置方法

(4) 调整平行光管，使其适合发射平行光。

用已适合观察平行光的望远镜作为标准，望远镜正对平行光管，即望远镜与平行光管成一直线。

· 143 ·

①从载物台上拿开平面镜,关闭望远镜上的小绿灯,打开钠灯光源,使钠灯照亮平行光管的狭缝。

②打开狭缝,从望远镜目镜中观察狭缝,调节狭缝和透镜间的距离,使狭缝位于透镜的焦平面上,这时从望远镜中看到清晰的狭缝像(轮廓清楚,窄长条形的狭缝像,而不是边缘模糊的亮条)同时,应使狭缝像与分划板准线无视差。此时,平行光管发出的光为平行光。调节狭缝宽度约为1 mm。

(5)调节平行光管,使其垂直于分光计中心轴。

仍用光轴已垂直于分光计中心轴的望远镜为调节标准。望远镜正对平行光管,即望远镜与平行光管成一直线。

①调节狭缝竖直,使狭缝像与分划板竖直线重合(转动望远镜可以做到),见图5.2.13(a)。

②调节狭缝水平,使其与分划板下准线重合(调节平行光管倾斜度调节螺丝可以做到),如图5.2.13(b)所示。

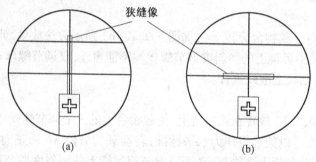

图5.2.13 狭缝像在分划板上的位置

2. 测定三棱镜顶角 α

(1)用反射法测三棱镜的顶角(图5.2.14)。

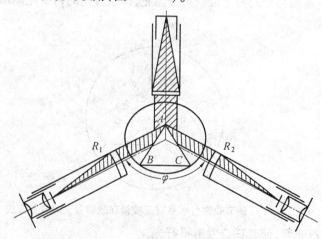

图5.2.14 用反射法测三棱镜的顶角

如图5.2.14所示,使三棱镜的顶角对准平行光管,三棱镜的毛玻璃面垂直于平行光管,平行光管发出的平行光入射到三棱镜的 AB、AC 面上。注意,放置三棱镜时应使三棱镜顶点靠近载物台中心,否则,反射光将不能进入望远镜,如图 5.2.15 所示。

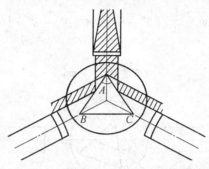

图 5.2.15　用反射法测三棱镜顶角时三棱镜的错误放置方法

转动望远镜寻找 AB 面反射的狭缝像,使分划板上的竖直线与狭缝像基本对准后,旋紧望远镜螺丝,用望远镜微调螺丝使分划板竖直线与狭缝完全重合,记下此时 R_1 方向上两游标的读数 θ'_1、θ''_1;将望远镜转至 AC 面,进行同样的测量,读取 R_2 方向上两游标的读数 θ'_2、θ''_2,将数据记入表 5.2.1。

表 5.2.1　测三棱镜顶角数据记录表

测量次数	望远镜在 R_1 方向		望远镜在 R_2 方向	
	游标 I 读数 θ'_1	游标 II 读数 θ''_1	游标 I 读数 θ'_2	游标 II 读数 θ''_2
1				
⋮				
n				

三棱镜顶角为

$$\alpha = \frac{1}{2}|\theta_1 - \theta_2| = \frac{1}{4}|(\theta'_1 - \theta'_2) + (\theta''_1 - \theta''_2)| \tag{5.2.7}$$

（2）自准法测三棱镜顶角 α（图 5.2.16）。

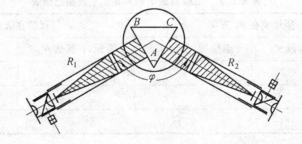

图 5.2.16　用自准法测三棱镜顶角时望远镜、三棱镜放置方法

按图 5.2.16 将望远镜主轴垂直于三棱镜 AB 面,反射回来的亮十字像与分划板上准线重合,记下此时 R_1 方向上两游标的读数 θ'_1、θ''_1;再将望远镜转至 AC 面,进行同样的测量,读取 R_2 方向上两游标的读数 θ'_2、θ''_2,将数据记入表 5.2.1。

自准法测三棱镜顶角为

$$\varphi = \frac{1}{2}|(\theta'_1 - \theta'_2) + (\theta''_1 - \theta''_2)| \tag{5.2.8}$$

由几何关系可得顶角为

$$\alpha = |180° - \varphi| \tag{5.2.9}$$

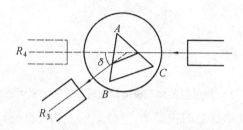

图 5.2.17　测量最小偏向角时三棱镜、平行光管、载物台的放置位置

3. 最小偏向角法测三棱镜材料折射率 n

（1）三棱镜按图 5.2.17 所示放置在载物台上，使平行光管发出的平行光入射三棱镜的 AC 面，转动望远镜在 AB 面寻找被三棱镜折射的平行光管狭缝像。

（2）载物台连同三棱镜缓慢转动，同时在望远镜分划板上观察狭缝像移动的方向，注意此时偏向角是增大还是减小。

（3）再转动载物台连同三棱镜使望远镜向偏向角减小的方向移动，同时望远镜跟踪狭缝像移动。当三棱镜转动到某一位置时，狭缝像不再移动，继续转动，狭缝像突然向与原方向相反的方向移动，即偏向角开始增大，这个狭缝像突然改变方向的位置即对应最小偏向角 δ_{min}。此时，将望远镜分划板竖线与狭缝像重合，再转动载物台连同三棱镜，看狭缝像的运动方向，确认此方向为最小偏向角位置，记下此时刻度盘对应的两游标处的角度 θ'_3、θ''_3，数据记入表 5.2.2。

（4）取下三棱镜，转动望远镜使其与平行光管在一条直线上，分划板上竖直线与狭缝像重合，记录此时的两游标读数 θ'_4、θ''_4，数据记入表 5.2.2。

表 5.2.2　三棱镜最小偏向角 δ_{min} 数据记录表

测量次数	望远镜在 R_3 方向		望远镜在 R_4 方向	
	游标Ⅰ读数 θ'_3	游标Ⅱ读数 θ''_3	游标Ⅰ读数 θ'_4	游标Ⅱ读数 θ''_4
1				
⋮				
n				

$$\delta_{min} = \frac{1}{2}|(\theta'_3 - \theta'_4) + (\theta''_3 - \theta''_4)| \tag{5.2.10}$$

（5）三棱镜材料折射率。

$$n = \frac{\sin i}{\sin r} = \frac{\sin\frac{\alpha + \delta_{\min}}{2}}{\sin\frac{\alpha}{2}} \tag{5.2.11}$$

【注意事项】

1. 望远镜、平行光管上的镜头,三棱镜、平面镜的镜面不能用手摸、揩,若发现有尘埃,应该用镜头纸轻轻揩擦。三棱镜、平面镜不准磕碰或跌落,以免损坏。

2. 分光计是较精密的光学仪器,要加倍爱护,不应在制动螺丝锁紧时强行扭动望远镜,也不要随意拧动狭缝。

3. 在测量数据前务必检查分光计的几个制动螺丝是否拧紧,若未锁紧,取得的数据会不可靠。

4. 测量中应正确使用望远镜转动的微调螺丝,以便提高工作效率和测量准确度。

5. 在游标读数过程中,由于望远镜可能位于任何方位,故应注意望远镜转动过程中是否过了刻度的零点。

6. 调整时应调整好一个方向,这时已调好部分的螺丝不能再随意拧动,否则会前功尽弃。

【思考题】

1. 调节分光计的基本要求是什么?

2. 分光计由哪几部分组成?各部分有什么作用?

3. 用自准直法调节望远镜时,当亮十字的反射像处于分划板什么位置时,望远镜的光轴与主光轴垂直?为什么?

4. 分光计为什么要设置两个圆游标读数?

5. 为什么当入射角 i 等于出射角 i' 时,偏向角有最小值?

6. 简述用渐进法调整分光计的步骤。

7. 如何判断望远镜主轴与分光计主光轴垂直?

附录

消除偏心差的原理:

由于刻度盘中心与转盘中心并不一定重合,真正转过的角度同读出角度之间会稍有差别,这个差别叫"偏心差"。

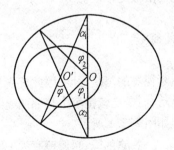

图 5.2.18　偏心差

如图 5.2.18 所示，O、O' 分别为刻度盘与游标盘的中心。刻度盘转过的角度为 φ，但从两个游标上读取的角度分别为 φ_1 和 φ_2，由几何光学原理可知

$$\alpha_1 = \frac{1}{2}\varphi_1 \quad \alpha_2 = \frac{1}{2}\varphi_2$$

又因为

$$\varphi = \alpha_1 + \alpha_2$$

故

$$\varphi = \frac{1}{2}(\varphi_1 + \varphi_2) = \frac{1}{2}[\,|\theta'_1 - \theta_1| + |\theta'_2 - \theta_2|\,]$$

所以实验时，取从两个游标读出的角度数值的平均值作为刻度盘转过的角度。

5.3 用旋光仪测量旋光性溶液的浓度

引 言

线偏振光通过某些透明物质（尤其是含有不对称碳原子物质，如蔗糖）的溶液或某些晶体（如石英、朱砂）后，其振动面（偏振面）以光的传播方向为轴会旋转一定的角度，这种现象称为旋光现象；产生这种现象的物质称为旋光物质；旋转的角度称为旋光度，由于不同物质使偏振光的振动面向不同方向旋转，故把旋光物质分为两种：迎着光的方向，振动面发生顺时针旋转的称为右旋物质；振动面发生逆时针旋转的，称为左旋物质。

旋光仪是一种测定物质旋光度（光学活性）的仪器。通过旋光仪的测定，可以分析某一物质的浓度、含量、比重及纯度等。被广泛应用于石油、化工、制药、食品加工等领域及生产过程的质量控制方面（诸如食糖、医药、香料、味精的生产过程）。WXG 圆盘旋光仪具有操作简单、读数方便、性价比高、体积小、携带方便等特点，在大中专、高等院校教学中应用广泛。

【实验目的】
1. 了解旋光仪的结构、原理、使用方法。
2. 观察线偏振光通过旋光物质的旋光现象。
3. 学会用旋光仪测定旋光性溶液的浓度。

【实验仪器】
WXG 圆盘旋光仪，试管，葡萄糖溶液

【实验原理】
由于人的眼睛不能精确判断视场的黑暗程度，因此旋光仪的设计采用半萌式结构，使人眼观察到的视场不是完全黑暗，而是比较视场中相邻两光线的强度是否相同，以达到更精确测量的目的。旋光仪结构如图 5.3.1 所示。

钠光灯作为光源，光线经聚光镜、滤色镜、起偏镜变为平面振光，在起偏镜后放入一石英晶体片，如图 5.3.2 所示，此石英晶体片与起偏镜的一部分在三分视场中重叠，如图 5.3.2(b) 所示，在半波片处视场被分割为三部分，在石英片旁放入一定厚度的玻璃片，补偿

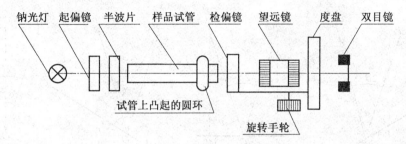

图 5.3.1　旋光仪结构图

由石英片产生的光强变化,见图 5.3.2。使石英片的光轴平行于自身表面,并与起偏镜的偏振轴成一定的角度 θ(度数很小,仅几度)。由光源发出的光经起偏镜后成线偏振光,其中一部分经过石英片(其厚度恰好使在石英片内分成的 o 光和 e 光的位相差为 π 的奇数倍,出射的合成光仍为线偏振光。),其振动面相对于入射光的偏振面转过了 2θ,所以进入旋光物质的光是振动面间的夹角为 2θ 的两束线偏振光。分别以 OP 和 OA 表示起偏镜和检偏镜的偏振轴,OP' 表示透过石英片后偏振光的振动方向,α、α' 分别表示 OP、OP' 与 OA 的夹角,再以 AP 和 AP' 分别表示通过起偏镜和起偏镜加石英片的偏振光在检偏镜偏振轴方向的分量,当转动检偏镜时,AP 和 AP' 的大小将发生变化,反映在从目镜中见到的视场上将出现明暗的交替变化,图 5.3.3 中列出了四种显著不同的情形。

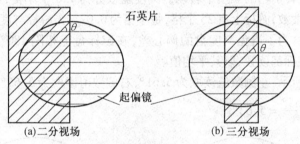

(a) 二分视场　　　　(b) 三分视场

图 5.3.2　石英片的两种安装方法

(1) $\alpha' > \alpha$,$A_P > A'_P$,通过检偏镜观察时,与石英片对应的部分为暗区,与起偏镜对应的部分为亮区,视场被分成清晰的三部分。当 $\alpha' = \pi/2$ 时,亮暗的反差最大。

(2) $\alpha' = \alpha$,$A_P = A'_P$ 通过检偏镜观察时,视场中三部分界限消失,亮度相等,较暗。

(3) $\alpha' < \alpha$,$A_P < A'_P$ 视场又被分为三部分,与石英片对应的部分为亮区,与起偏镜对应的部分为暗区,视场被分为清晰的三部分,当 $\alpha = \pi/2$ 时,亮暗的反差最大。

(4) $\alpha' = \alpha$,$A_P = A'_P$ 视场中三部分界限消失,亮度相等,较亮。

在亮度不强的情况下,人眼辨别亮度微小差别的能力较大,所以常取图 5.3.3(b) 所示的视场为参考视场,即仪器的零点。

在旋光仪中放入装有旋光性溶液的试管,由于溶液的旋光性,线偏振光的振动面旋转一定的角度 $\Delta\Phi$ 时,并保持两振动面间的夹角为 2θ 不变,转动检偏镜,就可以再次出现零度视场即图 5.3.3(b) 所示的现象。则检偏镜旋转的角度即为溶液的旋光度(注意:在旋转 360° 的范围内会出现两次视场亮暗反转的现象,此时应记录数值较小的角度),可通过目镜从度盘上读出旋光度的值。

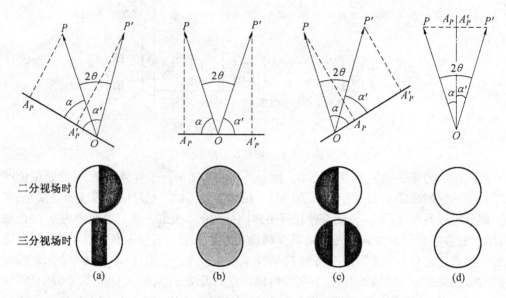

图 5.3.3 视场的分辨

旋光仪的读数装置由刻度盘和游标盘组成,测量范围为 180°,其中刻度盘与检偏镜相连,并在度盘旋转手轮的驱动下转动。刻度盘被分为 720 个小格,每小格为 0.5°,不够一小格时由游标读数,游标上有 25 个格,每小格为 0.02°,当游标与度盘有两条线重合时,读数为两线之间。为了避免刻度盘的偏心差,在游标盘上相隔 180° 对称地放置两个游标,测量时两个游标都读数,取其平均值。

如图 5.3.4 所示,左侧数值读取为 5.61°,右侧数值读取为 5.65°,该角度取二者平均值,即 $\frac{5.61° + 5.65°}{2} = 5.63°$。

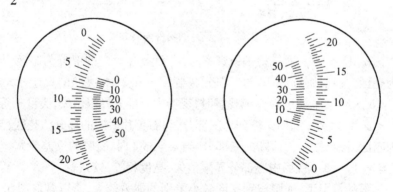

图 5.3.4 旋光仪读数示意图

单色偏振光通过液态旋光物质时,振动面的旋转角度 $\Delta\Phi$ 与旋光物质的性质、液体厚度 L、浓度 C 有关,其关系式为

$$\Delta\Phi = \alpha C L \tag{5.3.1}$$

式中,$\Delta\Phi$ 为用波长为 λ 的偏振光入射时测得的旋转角度,称为旋光度,单位为度(°);α 为比例系数,称为旋光物质的旋光率,若溶液浓度 C 的单位为 kg/m^3,溶液厚度 L 的单位为

m,则 α 的单位为$(°) \cdot m^3/(kg \cdot m)$。数值上等于偏振光通过浓度为 1 kg/m³,厚度为 1 m 的溶液后,振动面旋转的角度。工业上给出的 α 单位为$(°) \cdot cm^3/(g \cdot dm)$。旋光率标志着溶质的特性,它与入射光的波长和温度有关,并且当溶剂改变时,它也方式很复杂地随着变化。同一种旋光物质在一定温度下其旋光率与入射光波长成反比,即 $\alpha \propto \frac{1}{\lambda^2}$,这种由于入射光波长不同而使进入同一旋光物质的偏振光的偏振面旋转角度不同的现象称为旋光色散,因此,在测量液体的旋光率时,必须采用单色光(一般用钠光),通常给出的某物质的 α 值是钠光(5.893×10^{-7} m)在 20 ℃ 时给出的。

【实验内容及步骤】

1. 熟悉旋光仪整体结构、光路及双游标的读数方法。

2. 接通旋光仪的电源,开启开关,将钠灯预热 5 min,待钠光灯发光稳定后开始工作。

3. 在不放样品试管的情况下,转动手轮,在中间明或暗的三分视场时,调节视场中三部分的分界线清晰;再转动手轮,观察并熟悉视场中明暗变化规律。

4. 检查仪器零点,转动手轮,使视场中明暗界限消失,亮度相等,较暗,如图 5.3.3(b) 状态,记下左右刻度盘上的相应读数 $\Phi_{01左}$、$\Phi_{01右}$,求二者平均值为测量值 Φ_{01},转动手轮离开零度视场后再转回来读数,记下左右刻度盘相应读数,求二者平均值为测量值 Φ_{02},则仪器的零点在两测量值 Φ_{01}、Φ_{02} 的平均值 $\overline{\Phi_0}$ 处,将数据记入表 5.3.1。这里特别需要注意的是:在刻度盘旋转 360 度范围内,会出现两次从三分视场变为均匀视场的现象,应当取在出现图像突变的那一次,刚能分辨出亮度明暗不均时记录读数。

5. 将装有未知浓度糖溶液的试管放入旋光仪,注意使试管凸起的一端朝上放置,并使样品中的气泡留在试管的凸起部分,转动手轮,找到零度视场的位置,记下左右刻度盘读数,重复两次,分别得测量值 Φ_{01}、Φ_{02},求平均值 $\overline{\Phi}$,将数据记入表 5.3.1,则糖溶液的偏转角度为 $\overline{\Delta\Phi} = \overline{\Phi} - \overline{\Phi_0}$。

表 5.3.1 测量溶液旋光度数据表

浓度 /(kg·m⁻³)	实测 $\Phi/(°)$						平均值 $\overline{\Phi}/(°)$	管长 /m	旋光度 $\Delta\Phi/(°)$
	$\Phi_{01左}$	$\Phi_{01右}$	Φ_{01}	$\Phi_{02左}$	$\Phi_{02右}$	Φ_{02}			
无管									
C_1									
C_2									
C_3									
$C_未$									

已知葡萄糖溶液的旋光率 $\alpha = 52.5° \cdot cm^3/(g \cdot dm)$。

7. 实验完毕,关闭开关,切断电源,整理实验台。

8. 实验数据处理

(1) 利用已知浓度溶液测得的旋光度,根据公式 $\Delta\Phi = \alpha CL$,求出溶液的旋光率。

(2) 根据已测得的待测浓度溶液的旋光度,用上面求得的溶液旋光率求待测溶液的浓度。

(3) 以 $\Delta\Phi/L$ 为纵坐标,C 为横坐标作图,求溶液旋光率和待测溶液的浓度。在实际应用中,只要测得液体样品的旋光度即可。

【注意事项】

1. 因暗视场在某一固定处,稍不留意就会被调过,故旋转手轮时要耐心、缓慢调节,细致观察视场变化。

2. 旋光度与温度有关。溶液温度每升高 1 ℃,旋光度约减少 0.3%,因而在实际要求较高的工作中,环境温度一般确定为 20 ℃。

3. 试管从仪器中取出时,必须放入试管盘中,避免滚动摔坏。实验结束后,务必将试管从仪器中取出,放回原试管盘中。

4. 不能用手摸擦试管进出光的玻璃片,以防沾污,影响实验效果;更不能拧松试管两端的螺丝,以防溶液外溢。

5. 数据处理时要注意准确适用各个物理量的单位,如溶液的浓度单位、试管长度单位。

【思考题】

1. 读数时为什么要读出左右两游标读数?

2. 旋光角度的大小与哪些因素有关?

3. 放溶液管时为什么要保证观察孔中没有气泡?

5.4 衍射光栅特性与光波波长测量

引 言

光在传播过程中遇到障碍物会明显地偏离直线而进入几何阴影区产生明暗相间的条纹,这种现象称为光的衍射。衍射是波动光学的基本现象之一,说明光的直线传播是光的衍射现象不显著时的近似结果。

光栅与棱镜一样是一种重要的分光光学元件,对复色光有色散作用。不同的是棱镜只能形成一级光谱,光栅可以形成两级以上的光谱,且分光性能远远优于棱镜。

光栅由大量相互平行、等距、等宽的狭缝(或刻痕)组成。通常分为透射光栅和反射光栅。透射光栅是用金刚石刻刀在平面玻璃上刻多条等距平行线。刻痕处由于散射而不易透光,光线只能从刻痕间的狭缝中通过。平面反射光栅是在磨光的硬质合金上刻均匀的平行线。本实验中使用的是平面透射光栅。由于光栅衍射条纹狭窄细锐,分辨本领高,所以光栅作为摄谱仪、单色仪等光学仪器的分光元件,用来测定光波波长、研究光谱的结构和强度。

【实验目的】

1. 进一步熟悉分光计的调节与使用方法。

2. 加深对光栅分光原理的理解,测量透射光栅的光栅常数。

3. 测定未知光波波长。

【实验仪器】

分光计,平面透射光栅,钠灯。

【实验原理】

1. 光栅衍射

用平行光照射障碍物,在无穷远处产生明暗相间、稳定光场分布的衍射是夫琅和费光栅衍射。按夫琅和费光栅衍射理论,当一束平行光垂直入射到光栅平面上时,光波将在各个狭缝处发生衍射,所有缝的衍射又彼此发生了干涉,干涉条纹定域于无穷远处,若在光栅后面放置一凸透镜,则透过它的各个方向的衍射光将会聚在它的焦平面上,从而得到衍射光栅的干涉条纹,如图 5.4.1 所示。

设光栅的总缝数为 N,缝宽为 a,缝间不透光部分为 b,则缝距 $d = a + b$ 称为光栅常数。当平行光束垂直入射到光栅平面上时,相邻两缝对应点出射的光束的光程差

$$\delta = d\sin\theta \tag{5.4.1}$$

式中,d 为光栅常数,θ 为衍射角。

当衍射角 θ 满足光栅方程

$$d\sin\theta = k\lambda \quad (k = 0, \pm 1, \pm 2, \pm 3, \cdots) \tag{5.4.2}$$

θ 方向的光加强,其他方向的光几乎被全部抵消,任两缝发出的两束光都干涉相长,形成细而亮的主极大明条纹,式中 k 为明条纹级次,λ 为单色光波长。

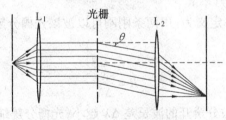

图 5.4.1 衍射光栅原理图

2. 光栅光谱

单色光经过光栅衍射后形成各级主极大的细而亮的线称为这种单色光的光栅衍射谱。如果用复色光照射,由光栅方程可知对于不同波长的光,虽然入射角相等,但它们的衍射角(零级除外)在同一级光谱线中是不同的,因此,复色光经光栅衍射后,将按波长分开,并按波长大小依次排列成一组彩色谱线,称为光栅光谱,如图 5.4.2 所示。

3. 光栅特性

作为分光光学元件,光栅的两个重要特性是角色散率和分辨本领。

(1) 衍射光栅的角色散率 D

D 称为光栅的角色散率,反映了两条谱线中心分开的程度,不涉及它们是否能够分辨。物理意义可以看成单位波长间隔的两条单色谱线间的角间距,是同一级两条谱线衍射角之差 $\Delta\theta$ 与它们的波长差 $\Delta\lambda$ 之比,即

$$D = \frac{\Delta\theta}{\Delta\lambda} \tag{5.4.3}$$

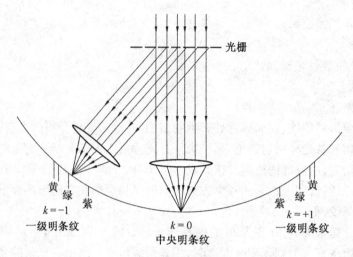

图 5.4.2 光栅光谱

将光栅方程对 λ 微分就可以得到光栅的角色散率的计算公式,得

$$D = \frac{k}{d\cos\theta_k} \tag{5.4.4}$$

由上式可知,光栅常数越小,角色散率越大;光谱级次越高,角色散率越大。对于某一级光谱,k 和 d 均为常数,则衍射角越大,角色散率 D 也越大。

（2）衍射光栅的色分辨率 R

衍射光栅的色分辨率定义为:用两条刚刚可以被该光栅分辨开的谱线的波长差 $\Delta\lambda$ 去除它们的平均波长 $\bar{\lambda}$,即

$$R = \frac{\bar{\lambda}}{\Delta\lambda} \tag{5.4.5}$$

R 越大,表明刚刚能被分辨开的波长差 $\Delta\lambda$ 越小,光栅分辨细微结构的能力就越强。根据瑞利判据,光栅能分辨出相邻两条谱线的能力是受限的,波长相差 $\Delta\lambda$ 的两条相邻的谱线,若其中一条谱线的最亮处恰好落在另一条谱线的最暗处,则称这两条谱线能被分辨。由此条件可以推知,光栅色分辨率 R 的计算公式为

$$R = kN \tag{5.4.6}$$

式中,N 是光栅有效使用面积内的刻线总数。

上式说明:分辨本领正比于狭缝总数 N,而与光栅常数 d 无关。光栅狭缝总数目越多,谱线越细锐;分辨本领随光谱级次 k 的增大而增强;同一级中波长的谱线的分辨本领是相同的。

【实验内容】

为了能正确测量光栅的衍射角,仪器装置必须满足下列条件:望远镜适合接受平行光,光轴垂直于分光计中心轴;平行光管发射平行光,光轴垂直于中心轴;光栅平面垂直于入射的平行光,且光栅狭缝平行于分光计中心轴。

具体调节方法如下:

1. 调节分光计处于待测状态。

按实验"分光计的调整与使用"中所述调节分光计,使分光计处于待测状态。

2. 光栅位置调节,使入射光垂直于光栅平面,光栅狭缝平行于分光计中心轴。

(1) 望远镜对准平行光管,从望远镜中观察被钠光灯照亮的平行光管的狭缝像,使狭缝像与望远镜分划板的竖直线重合。

(2) 固定望远镜,将光栅按图5.4.3所示放置于载物台上,光栅平面垂直于载物台高度调节螺丝b、c的连线,转动载物台连同光栅,粗调光栅平面垂直望远镜主轴。

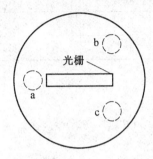

图5.4.3　光栅在载物台上的放置方法

(3) 遮住平行光管的狭缝光源,点亮望远镜中的小绿灯,微微缓慢转动载物台,在望远镜分划板上观察被光栅平面反射回来的绿色亮十字像,并调节载物台高度调节螺丝b、c,直至绿十字像与分划板上准线上的十字重合,如图5.4.4所示,注意不可调节望远镜上的倾斜度调节螺丝(为什么?)。

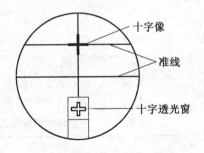

图5.4.4　十字像在分划板上的位置

(4) 转动望远镜,观察钠光灯衍射光谱的分布情况,中央零级光谱与两侧的一级光谱的各条谱线是否等高,若不等高,说明光栅刻线与分光计主光轴不平行,此时调节载物台调平螺丝a(不可调b、c),使中央明条纹两侧的谱线等高。

(5) 但要注意,观察此时绿色亮十字像是否仍在正确位置,若有变动,应重复(3)的步骤,反复调节,直至(3)、(4)两个条件都满足为止。

注意:光栅位置被调好后,实验过程中不应再移动;游标盘(连同载物台)应固定,测量时只转动望远镜(连同刻度盘),不再转动和碰动光栅。

3. 测定光栅常数

观察钠光灯的各级衍射光谱。转动望远镜,让分划板竖线依次与零级光谱重合,记下此时两游标的读数 θ'_0、θ''_0;转动望远镜,使分划板竖线依次对准左侧一、二、三级光谱,记

下相应的 $\theta'_{左1}$、$\theta''_{左1}$，$\theta'_{左2}$、$\theta''_{左2}$、$\theta'_{左3}$、$\theta''_{左3}$；转动望远镜，使分划板竖线依次对准右侧一、二、三级光谱，记下相应的 $\theta'_{右1}$、$\theta''_{右1}$，$\theta'_{右2}$、$\theta''_{右2}$、$\theta'_{右3}$、$\theta''_{右3}$；将测得数据记入表5.4.1。

表5.4.1　衍射角数据记录表

测量级次	$\theta'_左$	$\theta''_左$	$\theta'_右$	$\theta''_右$	θ
0					
1					
2					
3					

已知：钠光波长 589.3 nm

$$\theta_{左1} = \frac{1}{2} |(\theta'_{左1} - \theta'_0) + (\theta''_{左1} - \theta''_0)| \quad (5.4.7)$$

$$\theta_{右1} = \frac{1}{2} |(\theta'_{右1} - \theta'_0) + (\theta''_{右1} - \theta''_0)| \quad (5.4.8)$$

由此得"1"级光谱

$$\theta_1 = \frac{\theta_{左1} + \theta_{右1}}{2} \quad (5.4.9)$$

将 θ_1 带入式(5.4.2)，求得 d_1。用同样方法测出 θ_2、θ_3，求得 d_2、d_3，则所测光栅常数 $d = \frac{1}{3}(d_1 + d_2 + d_3)$。

4. 测定未知光波的波长

转动望远镜，让分划板竖线依次对准零级光谱，左侧一、二、三级光谱，记下相应的 $\theta'_{左1}$、$\theta''_{左1}$、$\theta'_{左2}$、$\theta''_{左2}$、$\theta'_{左3}$、$\theta''_{左3}$；转动望远镜，使分划板竖线依次对准右侧一、二、三级光谱，记下相应的 $\theta'_{右1}$、$\theta''_{右1}$，$\theta'_{右2}$、$\theta''_{右2}$、$\theta'_{右3}$、$\theta''_{右3}$；将测得数据记入表5.4.2。

表5.4.2　衍射角数据记录表

测量级次	$\theta'_左$	$\theta''_左$	$\theta'_右$	$\theta''_右$	θ
0					
1					
2					
3					

由式(5.4.7)、(5.4.8)、(5.4.9)得到相应的衍射角 θ，已知光栅常数 $d = \frac{1}{300}$ mm，代入式(5.4.2)，计算波长 λ_1、λ_2、λ_3，故被测光波长为 $\lambda = \frac{1}{3}(\lambda_1 + \lambda_2 + \lambda_3)$。

【注意事项】

1. 光栅是精密光学仪器，严禁用手触摸刻痕，以免弄脏或损坏光栅。

2. 钠灯在使用时不要频繁启闭,否则会降低使用寿命。

【思考题】

1. 当狭缝太宽或太窄时将会看到什么现象?为什么?
2. 光栅光谱和透镜光谱有哪些不同之处?
3. 分析光栅和棱镜分光的主要区别。
4. 如何调整分光计到待测状态?

5.5 透镜成像规律及焦距的测量

引 言

透镜是组成各种光学仪器的基本光学元件,焦距是反映透镜特性的重要参数,在不同的场合常常要选择焦距合适的透镜和透镜组。因此,掌握透镜成像规律,学会光路的调节技术和焦距的测量方法,是正确使用光学仪器的基础。

【实验目的】

1. 掌握简单光路的调整方法。
2. 观察透镜成像的规律和特点。
3. 学习测量透镜焦距的几种方法并测定透镜焦距。

【实验仪器】

光具座(全套),凸透镜,凹透镜,平面镜,物屏,像屏,光源。

【实验原理】

1. 薄透镜成像公式

由两个共轭折射曲面构成的光学系统称为透镜。透镜的两个折射曲面在其光轴上的间隔(即厚度)与透镜的焦距相比,可以忽略,则透镜称为薄透镜。透镜可分为凸透镜和凹透镜两类。凸透镜有使光线会聚的作用,即当一束平行于透镜主光轴的光线通过透镜后,将会聚于主光轴上的一点,此会聚点 F 称为该透镜的焦点,透镜中心(光心)O 到焦点 F 的距离,称为焦距 f,见图 5.5.1。

近轴光线是指通过透镜中心部分与主轴夹角很小的那一部分光线。在近轴光线条件下,薄透镜成像的规律可表示为

$$\frac{1}{u} + \frac{1}{v} = \frac{1}{f} \tag{5.5.1}$$

式中,u 为物距,v 为像距,f 为透镜焦距。

凹透镜具有使光发散的作用。即当平行于透镜主光轴的光线通过透镜后,将偏离主光轴,成发散光束,发散光的延长线与主光轴的交点 F 称为该透镜的焦点。透镜光心 O 到焦点 F 的距离称为它的焦距 f,见图 5.5.2。

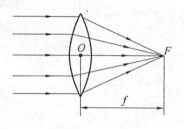

图 5.5.1　凸透镜焦距

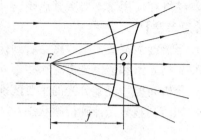

图 5.5.2　凹透镜焦距

式(5.5.1)中，u、v 和 f 均从透镜光心 O 算起，物距恒取正值，像距的正负由像的虚实来决定。当像为实像时，v 的值为正；虚像时，v 的值为负。对于凸透镜，f 取正值；对于凹透镜，f 为负值。

2. 凸透镜焦距的测量原理

（1）自准法

当物体在凸透镜的焦平面上时，物体上各点发出的光线经过透镜折射后，成为平行光。如果在透镜 L 的像方用一个与主光轴垂直的平面镜 M 代替像屏，平面镜将此平行光反射回去，反射光再次通过透镜后，仍会聚于透镜的焦平面上，在焦平面上成一与原物大小相等的倒立实像，如图 5.5.3 所示。此时，物与透镜之间的距离即为该透镜的焦距 f。这种测量透镜焦距的方法，称为自准法。这种方法的特点是能够比较迅速、直接地测得焦距的数值。

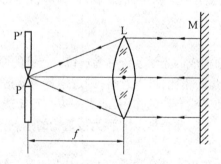

图 5.5.3　自准法测凸透镜焦距

（2）物距像距法

根据公式(5.5.1)，则只要测出物距 u 和像距 v，即可求出透镜的焦距 f。

（3）共轭法

如图 5.5.4 所示，使物屏与像屏之间的距离 L 大于 $4f$，沿光轴方向，移动透镜，当其光心位于 O_1 和 O_2 位置时，在像屏上，将分别获得一个放大的像 $A'B'$ 和一个缩小的像 $A''B''$。设 O_1、O_2 之间的距离为 e，根据透镜成像公式(5.5.1)：

在 O_1 处有

$$\frac{1}{u}+\frac{1}{L-u}=\frac{1}{f} \tag{5.5.2}$$

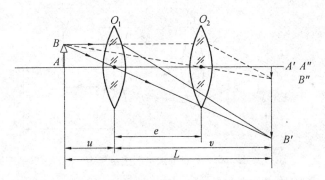

图 5.5.4 共轭法测凸透镜焦距

在 O_2 处有

$$\frac{1}{u+e} + \frac{1}{v-e} = \frac{1}{f} \tag{5.5.3}$$

因为 $v = L - u$,故可解得

$$u = \frac{L-e}{2} \tag{5.5.4}$$

$$v = \frac{L+e}{2} \tag{5.5.5}$$

将式(5.5.4)、(5.5.5) 代入式(5.5.1) 得

$$\frac{2}{L-e} + \frac{2}{L+e} = \frac{1}{f} \tag{5.5.6}$$

$$f = \frac{L^2 - e^2}{4L} \tag{5.5.7}$$

这种方法通过测定 L 和 e 来计算焦距,避免了在测量 u 和 v 时由于估计透镜光心位置不准确,带来的误差。但需注意:L 不可取得太大,否则缩小像过小,而不易准确判断成像位置。

3. 凹透镜焦距的测量原理

凹透镜是发散透镜,无法成实像,因而无法直接测量其焦距,常采用一凸透镜作辅助透镜进行测量。

(1) 自准法

如图 5.5.5 所示,将物点 A 置于凸透镜 L_1 的主光轴上,测出其成像位置 B,将待测凹透镜 L_2 和一个平面镜 M 置于 L_1 和 B 之间,移动 L_2,使由 M 反射回去的光线经 L_2、L_1 后,仍成像于 A 点。此时,从凹透镜射到平面镜上的光将是一束平行光,B 点就是由 M 反射回去的平行光束的虚像点,也就是 L_2 的焦点。测出 L_2 的位置,间距 O_2B 就是待测凹透镜的焦距。

(2) 物距像距法

如图 5.5.6 所示,将物点 A 发出的光线,经过凸透镜 L_1 后,会聚于像点 B。将一个焦距为 f 的凹透镜 L_2 置于 L_1 和 B 之间,然后移动 L_2,至合适位置,由于凹透镜具有发散作用,像点将移到 B' 点处,根据光线传播的可逆性原理,如果将物置于 B' 点处,则由物点发出的

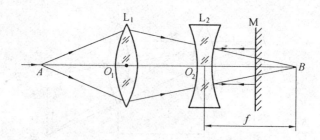

图 5.5.5　自准法测凹透镜焦距

光线经 L_2 折射后,所成的虚像点将落在 B 点。

令 $O_2B = u$，$O_2B' = v$，又考虑到凹透镜的 f 和 v 均为负值,由式(5.5.1)可得

$$\frac{1}{u} - \frac{1}{v} = \frac{1}{f} \tag{5.5.8}$$

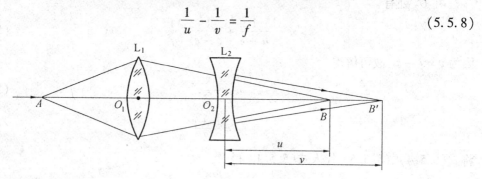

图 5.5.6　物距像距法测凹透镜焦距

【实验内容】

1. 光学元件等高同轴的调节

薄透镜成像公式(5.5.1)仅在近轴光线条件下成立。对于一个透镜位置,应使发光点处于透镜主光轴上,并在透镜前适当加一光阑挡住边缘光线,使入射光线与主光轴夹角很小,对于由多个透镜组成的光路,应使各光学元件的主光轴重合(即各光学元件同轴等高),才能满足近轴光线的要求。因此各光学元件同轴等高的调节是光学实验的必须环节。

(1) 粗调

调节方法是将照明光源、透镜、物屏、像屏等安置在光具座上,并将它们靠拢,调节高低、左右,使光源、物屏、像屏与透镜的中心大致在一条和导轨平行的直线上,并使各元件的平面互相平行,且垂直于导轨。

(2) 细调

细调是在粗调的基础上,按照成像规律或借助其他仪器做细致的调节来进行下一步的判断和调节。例如共轭法测凸透镜焦距的方法常用来对光具座进行共轴调节,本实验利用共轭法原理进行调节。如果物屏上 A 点位于主光轴上,则两次成像时,相应的像点 A' 和 A'' 在像屏上重合,即均在主光轴上。若不重合,可根据两次成像 A' 和 A'' 的位置进行分析,调节物点 A 或透镜的位置,使经过透镜后两次成像的位置重合,系统即达到同轴等高。

2. 凸透镜焦距的测定

(1) 观察凸透镜成像规律，并用物距像距法测凸透镜焦距

用具有"1"字形开孔的物屏为物，以下简称物屏。将白炽灯S、物屏P、凸透镜L和像屏依次安置在光具座上，按粗调方法调节各元件。使物屏与像屏之间的距离大于$4f$，改变凸透镜至物屏的距离，直到物屏上出现一个清晰的倒置像为止，记下物屏、透镜和像屏所在位置，其所在位置由导轨上的标尺和滑座上的指标可读出。测量结果记入表5.5.1。按式(5.5.1)计算透镜焦距f。重复测五次，求其平均值。

表5.5.1 物距像距法测凸透镜焦距数据记录

内容\次数	薄透镜位置/cm			物位置/cm	像位置/cm
	左	右	平均		
1					
2					
3					
4					
5					

在实际测量时，由于人眼对成像清晰程度的判断总不免存在误差，故常采用左右逼近法进行读数。即先使透镜由左向右移动，当像刚清晰时停止，记下透镜位置；再使透镜自右向左移动，在像清晰时再读一次。取这两个数值的平均值作为透镜成像清晰时候的凸透镜的位置。

依次使物距$u < f$，$u = 2f$，$u > 2f$，或处于$2f > u > f$范围内，观察成像的位置及像的特点（大、小、正、倒、实、虚）并画出相应的光路图。总结物距变化时，相应的像变化规律。

(2) 自准法测凸透镜焦距

将白炽灯S、物屏P、凸透镜L、平面镜M按图5.5.3依次安置在光具座上，按粗调方法调节各元件。改变凸透镜至物屏的距离，直到物屏上出现一个清晰的倒置像为止。若倒像与物大小相等、成像清晰，记下物屏与透镜所在位置，其间距即为凸透镜L的焦距。重复测五次，取其平均值。将测量结果记录在表5.5.2中。

表5.5.2 自准法测凸透镜焦距数据记录

内容\次数	薄透镜位置/cm			物位置/cm	焦距/cm	焦距平均值/cm
	左	右	平均			
1						
2						
3						
4						
5						

(3) 共轭法测凸透镜焦距

将白炽灯 S、物屏 P、凸透镜 L 和像屏依次安置在光具座上,取物屏与像屏之间的距离 $L > 4f$,移动透镜,当像屏上分别出现清晰的放大像和缩小像时,记录透镜位置 O_1 及 O_2,重复测五次,取其平均值,按式(5.5.7)可计算出透镜焦距 f。将测量结果记录在 5.5.3 中。

表 5.5.3　共轭法测凸透镜焦距数据记录

内容 次数	物像间距 L/cm		薄透镜位置 O_1/cm			薄透镜位置 O_2/cm			镜镜间距 e/cm	
	多次	平均	左	右	平均	左	右	平均	多次	平均
1										
2										
3										
4										
5										

3. 凹透镜焦距的测定

(1) 自准法测凹透镜焦距

按图 5.5.5 所示,将各元件放置在光具座上,使用凸透镜辅助成像于像屏,记下此时像屏的位置 B。然后将待测凹透镜和一个平面镜置于凸透镜和像屏之间,前后移动凹透镜,直到在物屏上获得清晰的像为止,记下此时凹透镜的位置 O_2,间距 O_2B 就是待测凹透镜的焦距。重复做五次,取其平均值。将测量结果记录在表 5.5.4 中。

表 5.5.4　自准法测凹透镜焦距数据记录

内容 次数	薄透镜位置/cm			B 位置 /cm	焦距 /cm	焦距平均值/cm
	左	右	平均			
1						
2						
3						
4						
5						

(2) 物距像距法测凹透镜焦距

按图 5.5.6 将各元件放置在光具座上,使用凸透镜辅助成像于像屏,记下此时像屏的位置 B。然后在凸透镜和像屏之间,放入待测凹透镜,将像屏移后,直到再次获得清晰的像,记下此时像屏的位置 B' 和凹透镜的位置 O_2,根据测出的物距 $O_2B = u$ 和像距 $O_2B' = v$,按式(5.5.8)计算出焦距 f。重复做五次,取其平均值。将测量结果记录在表 5.5.5 中。

表 5.5.5　物距像距法测凹透镜焦距数据记录

内容 次数	薄透镜位置/cm			B 位置 /cm	B' 位置 /cm
	左	右	平均		
1					
2					
3					
4					
5					

【注意事项】

1. 光学元件和仪器在使用时，要小心轻放，切忌用手触摸元件的光学表面，取用时只能拿磨砂面。

2. 计算数据时，要注意正负号。

【思考题】

1. 什么是光具座的共轴调节？
2. 共轭法中能获得二次成像的条件是什么？共轭法有何优点？
3. 如何用简单的光学方法判断透镜是凸透镜还是凹透镜？
4. 物距像距法测量凹透镜焦距时，对虚物和凹透镜的位置有何要求？为什么？
5. 薄透镜成像的高斯公式在具体的应用中，u、v、f 是如何规定其正负的？

5.6　自组望远镜与显微镜

引　言

望远镜和显微镜是最常用的助视光学仪器。在物理实验中经常使用的有读数显微镜、测量望远镜及自准望远镜等。本实验通过实验室给出的各种分立的光学元件，按要求组成望远镜及显微镜，并用组成的聚焦于无穷远的望远镜进行透镜焦距测定。

【实验目的】

1. 进一步掌握透镜的成像规律。
2. 了解望远镜及显微镜的工作原理。
3. 学习用自组的望远镜测量透镜焦距。

【实验仪器】

光具座(全套)，凸透镜，物屏。

【实验原理】

1. 望远镜

望远镜是观察远距离物体的光学仪器，其作用是使通过望远镜所看到的物体对眼睛的张角大于用眼睛直接观察物体的张角，从而产生放大感觉，看清物体的细节。望远镜由物镜和目镜组成,物镜的像方焦点和目镜的物方焦点重合,因此平行光射入望远系统后仍以平行光射出。望远镜的光路如图5.6.1所示,无穷远处的物y上的一点(图中未画出)发出的光(平行光)经物镜L_0成实像y'于L_0的焦平面处(处于目镜L_e的焦点f_e内)分划板P也处于L_0的焦平面处,则与分划板P重合。如物y不处于无穷远处,则y'与P位于f_0之外。人眼通过目镜L_e看y''的过程与显微镜的观察过程相同,由此可见,人眼通过望远镜观察物体,相当于将远处的物体拉到了近处观察,实质上起到了视角放大的作用。

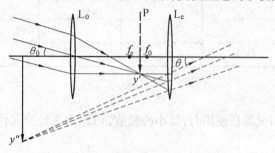

图5.6.1 望远镜光路

2. 显微镜

显微镜是观察近处微小物体细节的重要目视光学仪器。它对被观察物体进行了两次放大,第一次是通过物镜将微小物体成一个放大倒立的实相,该实相位于目镜的物方焦点上,或者在很靠近目镜的物方焦点上;第二次是经目镜将第一次所成的实相再次放大为虚像供眼睛观察,目镜的作用相当于一个放大镜。由于物镜和目镜的两次放大,显微镜总的放大率应是物镜放大率和目镜放大率的乘积。光路如图5.6.2所示。物镜L_0的焦距非常短,而目镜L_e的焦距比物镜的焦距长,但也不超过几个厘米。分划板与物镜L_0之间的距离为L。

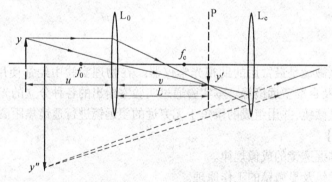

图5.6.2 显微镜光路

物屏y放在物镜焦点外一点,并调节y与L_0之间的距离,使其通过物镜L_0成一放大、倒立的实像y'于分划板P处,然后通过目镜L_e观察像y',先调节目镜L_e与分划板P之间的距离,以使人眼看清分划板P,然后当看清y'时,也同时看清了分划板P。而目镜L_e起到了一个放大镜的作用,又将y'成一个倒立放大的虚像(分划板P也同时成放大的虚像P',并与之重合)。则人眼观察到的微小物体y被大大地放大成y''了,可以通过改变分划板P与物镜之间的距离,以获得显微镜的不同放大率。

【实验内容及步骤】

1. 自组一台聚焦于无穷远点的望远镜

本实验所需仪器为：目镜、分划板、物镜、物屏。因聚焦于无穷远点的望远镜要求分划板与物镜之间的距离等于物镜的焦距。因此该实验首先要进行物镜焦距的测量。测量光路如图 5.6.3 所示。

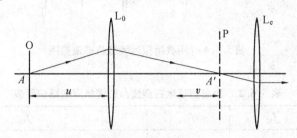

图 5.6.3 测凸透镜焦距

用物屏 O 上的点 A 代表物，分划板 P 充当了像屏。实验时要注意消除视差，即先调节 L_e 与 P 之间的距离，以看清分划板，在前后移动 L_0（可先将物屏 O 放在与 P 之间距离大于物镜4倍焦距之外，物镜的焦距可先粗测一下），看清像 A' 后，眼睛上下移动，再轻轻移动，直至 A' 与分划板无相对位移为止。在实测时，可固定物屏和分划板 P，移动凸透镜 L_0 进行多次重复测量，将物屏 O 的位置读数，分划板 P 的位置读数以及凸透镜 L_0 的位置读数记录在表 5.6.1 中，由此算出物距和像距，则代入透镜成像公式 $\frac{1}{f} = \frac{1}{u} + \frac{1}{v}$，可算出凸透镜 L_0 的焦距 f_0。

然后调节物镜，使其与分划板之间的距离为 f_0，这就构成了一台聚焦于无穷远点的望远镜。

表 5.6.1 凸透镜焦距 f_0 的测量数据记录表

测量次数	物距 u_0/cm	像距 v_0/cm	焦距 f_0/cm
1			
2			
3			
4			
5			

2. 用自组的望远镜测量凸透镜焦距

因该望远镜是一聚焦于无穷远点的望远镜，因此，用其观察物体时，入射光一定是平行光，否则将看不清物。测试的参考光路如图 5.6.4 所示。

实验时可固定物屏 O。调节待测凸透镜 L_1 与物屏 O 之间的距离，直至人眼通过望远镜看清物 A 的像 A'（且消视差）为止。则 L_1 至物屏 O 之间的距离即为 L_1 的焦距 f_1。

在实测时，可固定物屏 O，对凸透镜 L_1 进行多次重复测量，将测量数据填入表 5.6.2

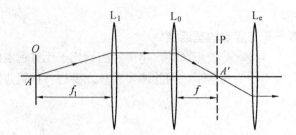

图 5.6.4　用自组望远镜测凸透镜焦距

中。

表 5.6.2　用自组望远镜测量凸透镜焦距数据记录表

f_{11}	f_{12}	f_{13}	f_{14}	f_{15}	$\bar{f_1}$

3. 用自组的望远镜测量凹透镜焦距 f_2。

该实验参考光路如图 5.6.5 所示。

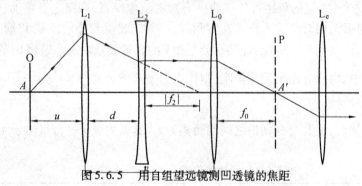

图 5.6.5　用自组望远镜测凹透镜的焦距

在上一实验的基础上,将物屏 O 向左移动,将待测凹透镜 L_2 插入,前后移动 L_2,直至眼睛通过望远镜看清 A',且消视差。由光路图可看出:$|f_2| = v - d$。

因 L_1 的焦距 f_1 由上一实验已经测出,则只要测出 L_1 的物距 u,则可由公式算出 v,再测出 L_1 与 L_2 之间的距离 d,则可算出凹透镜 L_2 的焦距 f_2。

在实测时,可固定物屏 O 和凸透镜 L_1,移动凹透镜 L_2 的位置进行多次重复测量,将测量数据填入表 5.6.3 中。

表 5.6.3　用自组望远镜测量凹透镜焦距 f_2 数据记录表

测量次数	f_1	L_1 物距 u_1	L_1 像距 $v_1 = \dfrac{u_1 f_1}{u_1 - f_1}$	L_1 与 L_2 间距 d	凹透镜焦距 $|f_2| = v - d$
1					
2					
3					
4					
5					

以上实验测透镜焦距所用的方法称为"光学仪器法"。这种方法较传统的测量焦距的方法具有很多优点。这种方法无需暗室、无需光源,由于采用了消视差法,测量准确,是一种非常实用的方法。

4. 自组显微镜

在所给的光学元件中要选出焦距最短的凸透镜作为物镜,另一短焦距凸透镜作为目镜。在实验中可通过改变分划板与物镜之间的距离的办法来改变显微镜的放大倍率。

该实验部分为自组与观察性实验,不要求定量的测量。

【注意事项】

本实验中,各个光学元件的准直是实验成功的重要前提。所谓"准直"是指各元件的光轴共线,就是说如图 5.6.4、图 5.6.5 中的各个元件的几何中心的 xy 坐标值要尽量相同,而各元件的 xy 主截面要尽量平行。前者可以利用光具座滑块上的 xy 平移微调机构实现,后者则应该利用滑块的俯仰微调机构完成。有的滑块上缺少这一机构,则依靠元件的正确夹持来保持方向。

【思考题】

1. 将一显微镜倒置使用,即以目镜组成物镜,物镜为目镜,会出现什么现象?
2. 自组望远镜时,凸透镜 L_0 应放置在什么位置?

5.7 用双棱镜干涉测光波波长

引 言

光的干涉现象是光的波动说的基础,产生干涉的必要条件是有两束相干光,在实验中通常把同一光源发出的光分成两束以得到相干光。根据相干光产生的条件,光的干涉可分为:分振幅干涉和分波阵面干涉。在迈克尔逊干涉仪的调整与使用实验中已经用到分振幅干涉,本实验中将采用分波阵面的方法产生相干光进行干涉。

英国科学家托马斯·杨在 19 世纪初设计了经典的杨氏双缝干涉实验,如图 5.7.1 所示。点光源 S 发出的光,其波阵面经 S_1 和 S_2 双缝分为两束,当符合相干条件时,在两个子波阵面交会的区域将产生干涉,形成明暗相间的平行直条纹。

这个实验给始于牛顿和惠更斯的关于光的本质的争论中的波动说增加了重要的砝码。然而,微粒说的拥护者对该实验提出质疑,认为明暗相间的条纹并非真正的干涉条纹,而是光经过狭缝时发生的复杂变化。面对此非议,在接下来的几年里,菲涅尔设计了几个撇开双狭缝的干涉实验,为杨的实验提供了有力的支持。

图 5.7.2 是菲涅尔完成于 1818 年的一个双棱镜干涉实验示意图。它由底边对接在一起的两个相同的直角棱镜组成,两个棱镜的顶角很小,一般约为 30′。从图中可见,点光源 S 发出的光的波阵面经双棱镜折射而形成两束互相重叠的光束,这两束光波满足相干条件,可视为分别从虚光源 S_1 和 S_2 发出,在两光束的叠加区域放置观察屏,在区间可以观察到干涉条纹。即,在双棱镜干涉实验中,虚光源等效于双狭缝,形成光波的分波阵面干

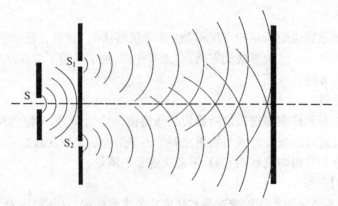

图 5.7.1　杨氏双缝干涉波阵面

涉。显然,双棱镜的干涉完全排除了狭缝可能存在的不确定影响,成为证明光的波动性的重要实验之一,在光学发展史上也具有重要的意义。

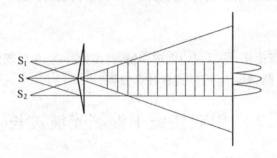

图 5.7.2　菲涅尔双棱镜产生双光束干涉原理图

【实验目的】

1. 观察双棱镜产生的干涉现象。
2. 通过双棱镜分波阵面干涉来测定光波波长。

【实验仪器】

可调单狭缝,双棱镜,测微目镜,凸透镜,观察白屏,钠光灯,光具座及调节滑块。

【实验原理】

如图 5.7.3 所示,设两虚光源 S_1 和 S_2 的间距为 d,它们与观察屏之间的距离为 L,观察点 p_x 的光强为

$$I = 4I_0 \cos^2\left(\frac{\pi}{\lambda}d\sin\theta\right) \tag{5.7.1}$$

式中,λ 为入射光的波长,θ 为 d 的中点与 p_x 点连线与光轴的夹角。当 $d\sin\theta = \pm k\lambda$ 时,$I = 4I_0$,即干涉光强极大;当 $d\sin\theta = \pm(2k+1)\dfrac{\lambda}{2}$ 时,$I = 0$,即干涉光强极小。因此,在观察屏上可以看到明暗相间的干涉条纹。

由于 $d \ll L$,θ 角很小,有

$$\sin\theta \approx \frac{x_k}{L}$$

第5章 光学实验

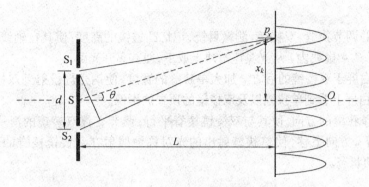

图 5.7.3 双棱镜干涉实验原理图

当干涉光强极大时,产生亮条纹,此时 $d\dfrac{x_k}{L} = \pm k\lambda$,即

$$x_k = \pm k\dfrac{L}{d}\lambda \quad (k = 0,1,2,\cdots) \tag{5.7.2}$$

当干涉光强极小时,产生暗条纹,此时 $d\dfrac{x_k}{L} = \pm (2k+1)\dfrac{\lambda}{2}$,即

$$x_k = \pm (2k+1)\dfrac{L}{d}\cdot\dfrac{\lambda}{2} \quad (k = 0,1,2,\cdots) \tag{5.7.3}$$

由式(5.7.2)或式(5.7.3)可得,相邻亮条纹(或暗条纹)的条纹间距为

$$\Delta x = \dfrac{L}{d}\lambda \tag{5.7.4}$$

在实验中只要测得条纹间距 L、d、Δx,就可以计算出光波的波长,即

$$\lambda = \Delta x \dfrac{d}{L} \tag{5.7.5}$$

【实验内容及步骤】

图 5.7.4 为本实验的装置图。

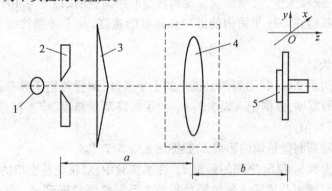

1— 钠光灯 2— 单狭缝 3— 双棱镜 4— 凸透镜 5— 测微目镜

图 5.7.4 实验装置图

1. 调节光路,观察和研究双棱镜干涉现象

(1) 将钠光灯1、单狭缝2、双棱镜3、凸透镜4、测微目镜5在光具座上按图5.7.4摆放

好。

(2) 检查并调节狭缝、双棱镜、测微目镜,记忆凸透镜的高度,使其在轴线方向等高;把凸透镜(图5.7.4虚线内)从光具座滑块上取下,使其离开光路。

(3) 手持白屏于双棱镜的后方。加大单狭缝的宽度,使钠光灯投射到双棱镜上的亮度足以在观察白屏上看到单狭缝以及双棱镜的顶脊的影像。

(4) 调节单狭缝的方向,使其与双棱镜棱脊平行;调节支撑双棱镜的滑块的平移机构,双棱镜沿着 x 方向平移,使单狭缝射出的光对称地照射在双棱镜棱脊的两侧,如图5.7.5中(3)的状态。

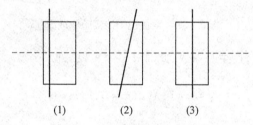

图5.7.5 双棱镜顶脊与单狭缝的位置关系图

(5) 直接用眼睛看到干涉条纹后,再用测微目镜观测,使相干光束处于目镜视场中心。此时借助观察白屏(放在测微目镜的入口前面),在 x 和 y 方向调节测微目镜,保证狭缝和棱镜的像能够进入测微目镜。

(6) 沿着 z 方向从测微目镜中观察狭缝像,逐渐减小单狭缝的缝宽,在视场中应当出现明暗相间的垂直干涉条纹。若干涉条纹较模糊,此时应细致调节狭缝和双棱镜棱脊的平行度,使干涉条纹变清晰。若条纹偏向视场一侧,可以沿着 x 方向微调测微目镜。

(7) 双棱镜干涉图样应为等间距的明暗相间的干涉条纹。增大或减小狭缝宽度可观察到干涉条纹对比度的变化;改变狭缝与双棱镜之间的距离或改变测微目镜与双棱镜之间的距离,可以观察到干涉条纹疏密度的变化。例如,若干涉条纹太细,可增加测微目镜到双棱镜的距离;若条纹太少,可增加双棱镜到狭缝的距离(条纹以 8 ~ 10 条为宜)。进一步精细地微调单狭缝在 xOy 平面内的方向和自身的宽度,使干涉条纹的可见度(对比度)和亮度都最好。

2. 测量光波波长

(1) 测量条纹间距 Δx。利用测微目镜里的十字叉丝,测量每组干涉条纹(一条亮条纹加一条暗条纹)的宽度,数据记入表5.7.1。为了提高测量精度,应当测量多组条纹的总宽度,取其算术平均值。

(2) 测量单狭缝到测微目镜的距离 L,数据记入表5.7.1。

(3) 测量两虚光源 S_1 和 S_2 之间的距离 d。在本实验中,双狭缝是虚拟的,其距离 d 无法直接测量。这里可通过凸透镜成像的简单物像关系间接测量得到 d。保持狭缝、双棱镜不动,在光路中放入已知焦距为 f' 的凸透镜(在图5.7.4中所示位置摆放),沿着光轴的方向前后移动测微目镜和凸透镜,找到单狭缝清晰的像——两根垂直的亮线,用测微目镜测量出像的宽度,重复4次,计算平均值,并且分别测量凸透镜到单狭缝的距离 a(物距)和到测微目镜十字叉丝的距离 b(像距),参见图5.7.4,数据记入表5.7.1。由透镜放大率公式,可以求得 $d = d' \dfrac{a}{b}$。

表 5.7.1 菲涅尔双棱镜测量光波波长数据记录表

次数	条纹间距 Δx				两虚光源 S_1 和 S_2 之间的距离 d				单狭缝至测微目镜的距离 L
	n	x_1	x_n	$\Delta x = \dfrac{x_n - x_1}{n}$	像宽度 d'	物距 a	像距 b	$d = d'\dfrac{a}{b}$	
1									
2									
3									
4									
平均值				$\overline{\Delta x} =$				$\overline{d} =$	$\overline{L} =$

所测定的钠光波长为 $\lambda = \overline{\Delta x} \cdot \dfrac{\overline{d}}{\overline{L}}$

【注意事项】

1. 本实验中,各个光学元件的准直是实验成功的重要前提。所谓"准直"是指各元件的光轴共线,就是说如图 5.7.4、图 5.7.5 中的各个元件的几何中心的 xy 坐标值要尽量相同,而各元件的 xy 主截面要尽量平行。前者可以利用光具座滑块上的 xy 平移微调机构实现,后者则应该利用滑块的俯仰微调机构完成。有的滑块上缺少这一机构,则依靠元件的正确夹持来保持方向。

2. 首先光源狭缝与双棱镜的顶脊必须位于整个系统的光轴上并且平行,这样才能获得强度相等的两条光束,这是获得有较好可见度的干涉条纹的关键。其次,调出适当的狭缝宽带也是非常重要的;若狭缝太宽,双棱镜所形成的双光束相干性太差,难于干涉;反之,光线强度太弱也不利于观测。

3. 凸透镜是在第 2 步测量缝宽时才放入光路的,但是在第 1 步摆放光路时在 z 方向必须预先留出足够的距离,保证凸透镜可以清晰成像。

4. 在测量缝宽时,由于光路调整的原因,理想的两根亮线可能变成两条亮带。此时可以对亮带的最亮锐边的间距进行测量。

5. 有的测微目镜在转轮轴上没有毫米刻度,在它的视场里,可以读出黑色的毫米标尺。若观察时亮度不够,可用手电筒在斜前方辅助照明,也可直接使用光具座滑块上所附的 x 方向微调螺旋来进行测量。

【思考题】

1. 从测微目镜观察时,有时看不到光源狭缝(当然更看不到干涉条纹),这是因为测微目镜入瞳即可视范围有限。这同整个实际系统的准直有什么关系?

2. 在本实验的测定钠光波长的各项测量中,有很多影响波长准确度的因素,试列举出三项,并说明其中影响最大的一种。

5.8 光的干涉

引 言

光的干涉是指满足相干条件(即频率相同、存在相互平行的振动分量、位相差恒定)的两束光相互叠加时,所出现的光强按照空间周期性重新分布的一种重要的光学现象。它为光的波动性提供了有力的实验证明。常见的薄膜、肥皂泡表面的彩色斑纹就是由不同表面的反射光相干而成。

利用光的干涉可制成干涉滤光片、增透膜、高反射膜,可精确测量长度(或角度)的微小变化、宇宙中天体的直径、透明介质的折射率;可进行光谱分析、研究光谱线的超精细结构;可检测机械零件或光学元件的表面洁净度、曲率半径以及光学元件的成像质量。20世纪60年代相干性极好的激光问世以后,利用全息干涉技术还可以无损检测材料的微小应变、内部缺陷等。

由于原子、分子的自发辐射具有随机性,一般来说,来自不同光源或同一光源不同部分的两束光是不相干的,实验中通常采用分波阵面法(将同一束光的波阵面分割为两部分,例如杨氏双缝干涉)或分振幅法(将同一束光的振幅分解为若干部分,如薄膜干涉)来获取相干光。本实验采用分振幅法——利用两光学玻璃表面围成的厚度不均的空气薄膜的上下表面对入射光的反射将同一束光分解为几部分,经过不同的路径后再叠加。由于相互叠加的反射子光束之间的光程差与反射处空气薄膜的厚度有关,干涉条纹的分布与空气薄膜厚度的分布相对应,故又把这一干涉称为等厚干涉。

本实验利用牛顿环、空气尖劈来研究光的等厚干涉现象及应用。

【实验目的】
1. 观察光的等厚现象,研究等厚干涉条纹的特点。
2. 测量透镜的曲率半径和金属丝的直径。
3. 通过实验熟悉读数显微镜的使用方法。

【实验仪器】
牛顿环,劈尖,读数显微镜,钠光灯,玻璃片,细丝。

【实验原理】
牛顿环和劈尖是典型的分振幅等厚干涉,其干涉条纹能反映数量级在入射光波长以下的微小长度变化。这种干涉在光学测量、光学加工方面有着广泛的应用。可用来检验精密机械零件或光学元件的表面质量,测量光波的波长及球面的曲率半径等。

1. 牛顿环

如图 5.8.1 所示,将一块曲率半径很大的平凸透镜放在一块平面玻璃上时,在透镜的凸面和平面玻璃之间形成一个厚度自接触点向边缘逐渐增加的空气层(等厚线是一组以接触点为圆心的同心圆)。当一束平行单色光垂直照射时,由空气层上下表面反射的光将发生干涉,其干涉条纹是一组定域在空气层上表面以接触点为圆心的明暗相间的同心圆环;当入射光是复色光时,干涉条纹将是一组同心彩色圆环。若同级干涉,波长越短者,条纹越靠近中心。这一干涉现象最早是英国科学家牛顿于 1675 年在制作天文望远镜时偶然将望远镜的物镜放在平板上发现的,因而称为牛顿环。

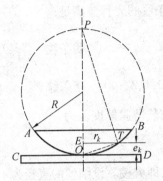

图 5.8.1　牛顿环干涉侧视图

图 5.8.2　牛顿环干涉条纹

实验装置见图 5.8.1,将待测的球面凸透镜 AOB 放在平板玻璃 CD 的上面,使用相干光照射,便形成典型的牛顿环干涉条纹,如图 5.8.2 所示。P 点处两相干光(近乎垂直入射,经过空气隙上下表面 AOB 和 CD 的反射光)的光程差为

$$\delta_k = 2e_k + \frac{\lambda}{2} \tag{5.8.1}$$

其中 e_k 为空气薄膜的厚度,$\frac{\lambda}{2}$ 是由于光从光疏媒质(空气)入射到光密媒质(玻璃)时产生的半波损失。

形成明暗条纹的条件

$$\delta = 2e_k + \frac{\lambda}{2} = k\lambda \quad (k = 0,1,2,\cdots) \quad 明条纹$$

$$\delta = 2e_k + \frac{\lambda}{2} = (2k+1)\frac{\lambda}{2} \quad (k = 0,1,2,\cdots) \quad 暗条纹 \tag{5.8.2}$$

即

$$e_k = \frac{1}{2}k\lambda \tag{5.8.3}$$

可以推出凸透镜的曲率半径

$$R = \frac{D_m^2 - D_n^2}{4(m-n)\lambda} \tag{5.8.4}$$

式中,D_m 是牛顿环的第 m 环直径,D_n 是牛顿环的第 n 环直径,只要数出所测各环的环数差 $m-n$,而无须确定各环的干涉级数 k,就可算出凸透镜的曲率半径,并且避免了圆环中心无法确定的困难。

2. 劈尖

两块平板玻璃,使其一端平行相接,另一端夹入一细丝,这样两块平板玻璃之间形成了一个具有一微小倾角的劈形空气薄膜,这一装置就称为劈尖。当有平行光垂直照射时,空气薄膜上、下表面反射光产生干涉,从而形成一组与玻璃板交线平行的明暗交替、等间隔的干涉条纹，如图 5.8.3、5.8.4 所示。光程差 $\delta = 2e_k + \dfrac{\lambda}{2}$，其中 e_k 为 k 级干涉条纹对应的劈尖空气薄膜厚度，$\dfrac{\lambda}{2}$ 为半波损失。第 k 级明暗条纹的光程差满足

$$\delta = 2e_k + \frac{\lambda}{2} = k\lambda \quad (k=0,1,2,\cdots) \qquad 明条纹$$

$$\delta = 2e_k + \frac{\lambda}{2} = (2k+1)\frac{\lambda}{2} \quad (k=0,1,2,\cdots) \qquad 暗条纹$$

由干涉条件可得两相邻明（暗）条纹所对应的空气薄膜厚度差为

$$e_{k+1} - e_k = \frac{\lambda}{2} \tag{5.8.5}$$

当 $k=0$ 时，由上式可得 $e_k = 0$ 为两玻璃接触端，即劈棱。设细丝的直径为 e_N，细丝处干涉级次为 N，则根据几何关系有

$$N = \frac{10}{L_{10}} \times L \tag{5.8.6}$$

其中 L_{10} 为 10 个条纹的长度，所以

$$e_N = 5\lambda \times \frac{L}{L_{10}} \tag{5.8.7}$$

已知波长 λ，即可求出金属丝的直径 e_N。

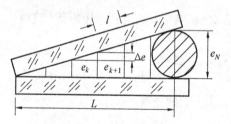

图 5.8.3　劈尖干涉侧视图

图 5.8.4　劈尖干涉条纹

【实验内容及步骤】

1. 观察牛顿环的干涉图样

（1）调整牛顿环装置的三个调节螺丝，在自然光照射下能观察到牛顿环的干涉图样，并将干涉条纹的中心移到牛顿环装置的中心附近。调节螺丝，使牛顿环中心暗斑不要太大。

（2）把牛顿环装置置于显微镜的正下方，使单色光源与读数显微镜上 45°角的反射透明玻璃片等高。旋转反射透明玻璃，直至从目镜中能看到明亮均匀的光照。

（3）调节读数显微镜的目镜 1，使十字叉丝清晰；自下而上调节物镜 4 直至观察到清晰的干涉图样。移动牛顿环装置，使中心暗斑位于视域中心，调节目镜系统，使叉丝横丝与读数显微镜的标尺平行，消除视差。平移读数显微镜，观察待测的各环左右是否都在读数显微镜的读数范围之内。

2. 测量牛顿环的直径

（1）选取要测量的 m 和 n（各 5 环），如取 m 为 20,18,16,14,12，n 为 10,8,6,4,2。

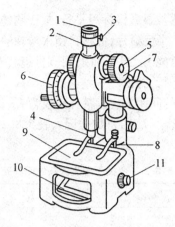

1—目镜 2—锁紧圈 3—目镜锁紧螺丝 4—物镜 5—调焦手轮 6—测微鼓轮 7—标尺和读数准线 8—弹簧压片 9—载物台 10—反射镜 11—反射镜调节手轮

图 5.8.5 读数显微镜结构图

（2）转动鼓轮。先使镜筒向左移动，顺序数到22环，再向右转到20环，使叉丝尽量对准干涉条纹的中心，记录读数。然后继续转动测微鼓轮，使叉丝依次与20,18,16,14,12,10,8,6,4,2 环对准，顺次记下读数；再继续转动测微鼓轮，使叉丝依次与圆心右2,4,6,8,10,12,14,16,18,20 环对准，也顺次记下各环的读数。注意在一次测量过程中，测微鼓轮应沿一个方向旋转，中途不得反转，以免引起回程差。读数数据记录在表 5.8.1 中。

表 5.8.1 测量牛顿环直径的数据记录表

环数	显微镜读数		环直径/mm
	左方	右方	
20			
18			
16			
14			
12			
10			
8			
6			
4			
2			

3. 调整并观测劈尖的干涉图样

（1）将两块玻璃片两端平行对齐，在一端夹入平直细丝，并使细丝的边线尽量与端面平行。尽量使玻璃片边线与读数显微镜标尺平行,放于物镜正下方。

（2）转动显微镜上的45°半反射片,使得目镜中看到的视场均匀明亮(注意显微镜底座的反射镜不能有向上的反射光)。自下而上调节目镜直至观察到清晰的干涉图样,移动劈尖使条纹与叉丝的竖线平行,并消除视差。

（3）多次测量10条条纹的间距 L_{10}：以某一条纹为 L_x，记下读数显微镜读数,数过10条条纹测出 L_{x+10}，则 $L_{10}=|L_{x+10}-L_x|$，将数据记入表5.8.2。多次测量计算 L_{10} 的平均值 $\bar{L}_{10}$。

表5.8.2 劈尖干涉测暗条纹间的距离

测量次数	L_{x+10}	L_x	$L_{10}=|L_{x+10}-L_x|$
1			
2			
3			
4			
5			

（4）测 N 条条纹的总间距 L：测出玻璃片接触处的读数 L_0，再测出细丝夹入处的读数 L_N，则 $L=|L_N-L_0|$，将测得数据记入表5.8.3，多次测量计算 L 的平均值 $\bar{L}$。

表5.8.3 劈尖干涉 N 条条纹的总间距

测量次数	L_0	L_N	$L=|L_N-L_0|$
1			
2			
3			
4			
5			

（5）将 $\bar{L}_{10}$、$\bar{L}$ 代入式 $e_n=5\lambda\times\dfrac{L}{L_{10}}$ 计算细丝直径。

【注意事项】
1. 调节牛顿环时,螺旋不能拧得过紧,以免压力过大引起透镜弹性变形。
2. 使用完毕后,应将仪器归还原处,以免灰尘落入仪器,各种光学零件切勿随意拆动,以保持仪器精度。

【思考题】
1. 实验中为什么测牛顿环直径而不是半径,如何保证测出的是直径而不是弦长?
2. 由于测微螺旋中螺距间总有间隙存在,当测微螺旋刚开始反向旋转时会发生空转,从而引起读数误差(称为空回误差),实验时应如何避免?
3. 如何利用牛顿环实验的干涉原理测量平凹透镜的曲率半径?

第6章 综合实验

6.1 非平衡直流电桥的应用

引 言

电桥分为平衡电桥和非平衡电桥,非平衡电桥也称为不平衡电桥或微差电桥。在以往教学中比较重视平衡电桥实验,而忽略了非平衡电桥实验。然而,近年来,非平衡电桥的广泛应用引起了大家广泛的重视,因为通过非平衡电桥可以测量一些变化的非电量,因此非平衡电桥的应用范围扩展到很多领域,所以在工程测量中非平衡电桥也得到了广泛的应用。

【实验目的】

1. 掌握非平衡电桥的测量原理以及非平衡电桥与平衡电桥的差别。

2. 掌握用非平衡电桥来测量变化电阻的原理和方法。

3. 设计一个温度计,在设计过程中掌握非平衡电桥测量温度的方法,并类推至测量其他非电学量。

【实验仪器】

标准电阻箱4台,恒流恒压电源,电流表,电压表,待测电阻2个,导线若干。

【实验原理】

在构成形式上非平衡电桥与平衡电桥相似(图6.1.1显示了非平衡电桥电路原理),但是在测量方法上却有很大的差别。在测量时非平衡电桥是使得R_1、R_2、R_3保持不变,R_X变化时则U_o变化,再根据U_o与R_X的函数关系,通过测量U_o的变化从而测量R_X;而平衡电桥在测量时是调节R_3使得$I_o = 0$,从而得到$R_X = \dfrac{R_2}{R_1}R_3$。由于非平衡电桥可以测量连续变化的$U_o$,所以可以间接测量出连续变化的$R_X$,进而测量连续变化的非电量。

1. 非平衡电桥的桥路形式

(1) 立式电桥(也称电源对称电桥)。这时候从电桥的电源端看桥臂电阻对称相等,电阻之间的关系为:$R_1 = R_2$,$R_3 = R_{X0}$,但是$R_1 \neq R_3$。

(2) 卧式电桥(也称输出对称电桥)。这时候电桥的桥臂电阻对称于输出端,电阻之间的关系为:$R_1 = R_3, R_2 = R_{X0}$,但是 $R_1 \neq R_2$。

(3) 等比电桥。电桥的四个桥臂阻值相等,$R_1 = R_2 = R_3 = R_{X0}$,其中 R_{X0} 是 R_X 的初始值,这时候电桥处于平衡状态,$U_o = 0$。

(4) 比例电桥(实际上这是一般形式的非平衡电桥)。这时电桥桥臂电阻成一定的比例关系,电桥中电阻之间的关系为:$R_1 = kR_2, R_3 = kR_{X0}$ 或 $R_1 = kR_3, R_2 = kR_{X0}$,其中 k 为比例系数。

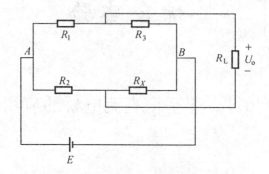

图 6.1.1 非平衡电桥电路原理图

2. 非平衡电桥的输出

按照大小可以将非平衡电桥的输出接负载分为两类:一类是负载阻抗和桥臂电阻相比较小,这种非平衡电桥需有一定的功率输出,故又可以称为功率电桥。另一类是负载阻抗对于桥臂电阻很大,如输入阻抗很高的数字电压表或输入阻抗很大的运算放大电路。

图 6.1.1 所示的电桥可等效为图 6.1.2(a) 所示的二端口网络,图中 U_{oc} 为等效电源,R_i 为等效内阻。

由图 6.1.1 可知,当 $R_L = \infty$ 时,等效电源电压值为

$$U_{oc} = E\left(\frac{R_X}{R_2 + R_X} - \frac{R_3}{R_1 + R_3}\right)$$

由戴维南定理,将 E 电源短路,得到图 6.1.2(b) 电路,因此可以求出电桥等效电阻为

$$R_i = \frac{R_2 R_X}{R_2 + R_X} + \frac{R_3 R_1}{R_3 + R_1}$$

根据图 6.1.2(a) 电路,得到电桥接有负载 R_L 时的输出电压为

$$U_o = \frac{R_L}{R_L + R_i}\left(\frac{R_X}{R_2 + R_X} - \frac{R_3}{R_3 + R_1}\right)E \qquad (6.1.1)$$

电压输出的情况下 $R_L \to \infty$,所以有

$$U_o = \left(\frac{R_X}{R_2 + R_X} - \frac{R_3}{R_3 + R_1}\right)E \qquad (6.1.2)$$

根据式(6.1.1),可进一步分析电桥输出电压和被测电阻值的关系。

令 $R_X = R_{X0} + \Delta R$,其中 R_X 为被测电阻,ΔR 为电阻的变化量。由公式(6.1.1),可以得到如下公式

$$U_o = \frac{R_L}{R_L + R_i}\left(\frac{R_X}{R_2 + R_X} - \frac{R_3}{R_3 + R_1}\right)E = \frac{R_L}{R_L + R_i}\left(\frac{R_{X0} + \Delta R}{R_2 + R_{X0} + \Delta R} - \frac{R_3}{R_3 + R_1}\right)E =$$

$$\frac{R_L}{R_i + R_L}\frac{R_2 R_3 - R_1 R_{X0} + R_1 \Delta R}{(R_2 + R_{X0} + \Delta R)(R_1 + R_3)}E$$

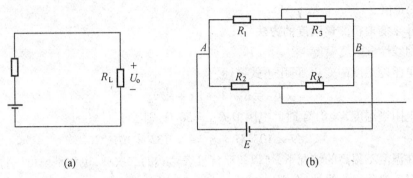

图 6.1.2　非平衡电桥等效电路图

因为 R_{X0} 为被测电阻的初始值,且 $R_1 R_{X0} = R_3 R_2$,所以

$$U_o = \frac{R_L}{R_L + R_i}\frac{\Delta R R_1}{(R_2 + R_{X0} + \Delta R)(R_3 + R_1)}E \tag{6.1.3}$$

当 $R_L = \infty$ 时,有

$$U_o = \frac{R_1}{R_3 + R_1}\frac{\Delta R}{(R_2 + R_{X0} + \Delta R)}E$$

因为 $R_1 R_{X0} = R_3 R_2$,所以 R_1 代入上式有

$$U_o = \frac{R_2}{(R_2 + R_{X0})^2}\frac{\Delta R}{\left(1 + \dfrac{\Delta R}{R_2 + R_{X0}}\right)}E \tag{6.1.4}$$

故一般形式非平衡电桥的输出与被测电阻的函数关系,可以写成公式(6.1.3)和公式(6.1.4)的形式。

对于等臂电桥和卧式电桥,公式(6.1.4)可以化为

$$U_o = \frac{1}{4}\frac{E}{R_{X0}}\frac{1}{\left(1 + \dfrac{\Delta R}{2R_{X0}}\right)} \tag{6.1.5}$$

立式电桥和比例电桥的输出与式(6.1.4)相同。

当被测电阻的变化量具备条件 $\Delta R \ll R_{X0}$ 时,公式(6.1.4)可表述为

$$U_o = \frac{R_2 \Delta R}{(R_2 + R_{X0})^2}E \tag{6.1.6}$$

进一步将公式(6.1.4)简化为

$$U_o = \frac{1}{4}\frac{E}{R_{X0}}\Delta R \tag{6.1.7}$$

从公式(6.1.7)中可以看出,此时 U_o 与 ΔR 为线性关系。

3. 非平衡电桥测量电阻的方法

通常称 $R_L = \infty$ 的非平衡应用的电桥叫非平衡电桥,称具有负载 R_L 的非平衡应用的

电桥叫功率电桥。下述的"非平衡电桥"都是指 $R_L = \infty$ 的非平衡应用的电桥。

将被测电阻接入非平衡电桥的桥路中,之后使得非平衡电桥平衡,此时电桥输出为0。改变桥路中的被测电阻,这时电桥输出电压改变 $U_o \neq 0$。测出此电压后,根据公式(6.1.4)或公式(6.1.5)计算出 ΔR。当 $\Delta R \ll R_{X0}$ 时,可按公式(6.1.6)或公式(6.1.7)计算得到 ΔR 值。

4. 用非平衡电桥测量温度的方法

(1) 用线性电阻测温度

金属电阻随温度的变化,可用下式描述

$$R_X = R_{X0}(1 + \alpha t + \beta t^2) \tag{6.1.8}$$

如铜热敏电阻当温度 $t = 0\ ℃$ 时其电阻值 $R_{X0} = 50\ \Omega$,则

$$\alpha = 4.289 \times 10^{-3}℃^{-1}, \beta = -2.133 \times 10^{-7}℃^{-1}$$

一般在温度不很高的情况下,可以忽略温度表达式的二次项,也就是说可以将金属的电阻值随温度变化视为线性的,即

$$R_X = R_{X0}(1 + \alpha t) = R_{X0} + \alpha t R_{X0}$$

所以 $\Delta R = \alpha R_{X0} \Delta t$,代入式(6.1.4)有

$$U_o = \frac{R_2}{(R_2 + R_{X0})^2} \frac{\alpha R_{X0} \Delta t}{\left(1 + \frac{\alpha R_{X0} \Delta t}{R_2 + R_{X0}}\right)} E \tag{6.1.9}$$

式中的 αR_{X0} 值可以由以下方法测得:取两个温度 t_1、t_2,测得 R_{X1}、R_{X2},则

$$\alpha R_{X0} = \frac{R_{X2} - R_{X1}}{t_2 - t_1}$$

这样可以根据式(6.1.9),由电桥的输出 U_o 求得相应的温度变化量 Δt,从而求得 $t = t_0 + \Delta t$。

当 $\Delta R \ll R_{X0}$ 时,式(6.1.9) 可简化为

$$U_o = \frac{R_2}{(R_2 + R_{X0})^2} E \alpha R_{X0} \Delta t \tag{6.1.10}$$

这时 U_o 与 Δt 呈线性关系。

(2) 用热敏电阻测温度

半导体热敏电阻的电阻值随温度升高而迅速下降,这是因为热敏电阻由一些金属氧化物如四氧化三铁等半导体制成。在这些半导体内部,自由电子数目随温度的升高增加得很快,导电能力很快增强,所以温度上升会使电阻值迅速下降。

热敏电阻的温度特性可以用以下公式来描述

$$R_T = A e^{\frac{B}{T}} \tag{6.1.11}$$

式中,A 是与电阻器几何形状有关的常数;B 为与材料半导体性质有关的常数;T 为绝对温度。

将式(6.1.11)两边取对数,得

$$\ln R_T = \ln A + \frac{B}{T} \tag{6.1.12}$$

因此选取不同的温度 T,就可以得到不同的 R_T。

根据式(6.1.12),当 $T = T_1$ 时,有

$$\ln R_{T_1} = \ln A + \frac{B}{T_1}$$

当 $T = T_2$ 时,有

$$\ln R_{T_2} = \ln A + \frac{B}{T_2}$$

将上两式相减得

$$B = \frac{\ln R_{T_1} - \ln R_{T_2}}{1/T_1 - 1/T_2} \tag{6.1.13}$$

将式(6.1.13)代入式(6.1.11)得

$$A = R_{T_1} e^{-\frac{B}{T_1}} \tag{6.1.14}$$

在不同的温度条件下,R_T 有不同的值。电桥的 $U_\circ$ 也会有相应的变化。可以根据 $U_\circ$ 与 T 的函数关系,利用 $U_\circ$ 对温度 T 进行测量。但此时 $U_\circ$ 与 T 的非线性关系,使测量不是很方便,这就需要对热敏电阻进行线性化。线性化的方法很多,常见的有如下几种。

① 串联法。通过选取一个低温度系数的电阻使之与热敏电阻串联,就可使温度与电阻的倒数呈线性关系。再用恒压源构成测量电源,就可使测量电流与温度呈线性关系。

② 串并联法。在热敏电阻两端串并联电阻,总电阻是温度的函数,在选定的温度点进行级数展开,并令展开式的二次项为 0,忽略高次项,从而求得串并联电阻的阻值,这样就可使总电阻与温度成正比,展开温度通常为测量范围的中间温度,详细推导可由学生自己完成。

③ 非平衡电桥法。选择合适的电桥参数,可使电桥输出与温度在一定的范围内呈近似的线性关系。

④ 用运算放大的结合电阻网络进行转换,使输出电压与温度呈一定的线性关系。

重点讲述用非平衡电桥进行线性化设计的方法。

在图 6.1.1 中,R_1、R_2、R_3 为桥臂标准电阻,具有很小的温度系数,R_X 为热敏电阻,由于只检测电桥的输出电压,故 R_L 开路,根据式(6.1.2) 有

$$U_\circ = \left(\frac{R_X}{R_2 + R_X} - \frac{R_3}{R_3 + R_1} \right) E$$

式中,$U_\circ$ 是温度 T 的函数,将 $U_\circ$ 在需要测量的温度范围的中点温度 T_1 处按泰勒级数展开,有

$$U_\circ = U_{\circ 1} + U'_\circ (T - T_1) + U_n \tag{6.1.15}$$

其中

$$U_n = \frac{1}{2} U''_\circ (T - T_1)^2 + \sum_{n=3}^{\infty} \frac{1}{n!} U_\circ^{(n)} (T - T_1)^n$$

式中,$U_{\circ 1}$ 为常数项,不随温度变化;$U'_\circ (T - T_1)$ 为线性项;U_n 代表所有的非线性项,它的值越小越好,为此令 $U''_\circ = 0$,则 U_n 的三次项可视为非线性项。从 U_n 的四次项开始数值很小,可以忽略不计。

式(6.1.15)中 U_o 的一阶导数为

$$U'_o = \left(\frac{R_X}{R_2+R_X} - \frac{R_3}{R_3+R_1}\right)' E$$

将 $R_T = Ae^{\frac{B}{T}}$ 代入上式并展开,求导可得

$$U'_o = -\frac{BR_2 Ae^{\frac{B}{T}}}{(R_2+Ae^{\frac{B}{T}})^2 T^2} E$$

U_o 的二阶导数为

$$U''_o = \left(-\frac{BR_2 Ae^{\frac{B}{T}}}{(R_2+Ae^{\frac{B}{T}})^2 T^2} E\right)' = E\frac{BR_2 Ae^{\frac{B}{T}}}{(R_2+Ae^{\frac{B}{T}})^3 T^4} R_2(B+2T) - (B-2T)Ae^{\frac{B}{T}}$$

同时令 $U''_o = 0$,可以得到

$$R_2(B+2T) - (B-2T)Ae^{\frac{B}{T}} = 0$$

即

$$Ae^{\frac{B}{T}} = \frac{B+2T}{B-2T} R_2$$

也就是

$$R_X = \frac{B+2T}{B-2T} R_2 \tag{6.1.16}$$

根据以上分析,将公式(6.1.15)改为以下表达式

$$U_o = \lambda + m(t-t_1) + n(t-t_1)^3 \tag{6.1.17}$$

式中,t 和 t_1 分别是 T 和 T_1 对应的摄氏温度,线性函数部分为

$$U_o = \lambda + m(t-t_1) \tag{6.1.18}$$

式中 λ 为 U_o 在 T_1 时候的值,即

$$\lambda = U_o = \left(\frac{R_{X(T_1)}}{R_2+R_{X(T_1)}} - \frac{R_3}{R_3+R_1}\right) E$$

将 $R_{X(T_1)} = Ae^{\frac{B}{T_1}} = \frac{B+2T_1}{B-2T_1} R_2$ 代入上式,可得

$$\lambda = \left(\frac{B+2T_1}{2B} - \frac{R_3}{R_3+R_1}\right) E \tag{6.1.19}$$

公式(6.1.18)中 m 的值为 U' 在温度为 T_1 时的值为

$$m = U'_o = -\frac{BR_2 Ae^{\frac{B}{T_1}}}{(R_2+Ae^{\frac{B}{T_1}})^2 T_1^2} E$$

将 $R_{X(T_1)} = Ae^{\frac{B}{T_1}} = \frac{B+2T_1}{B-2T_1} R_2$ 代入上式得到

$$m = \frac{4T_1^2 - B^2}{4BT_1^2} E \tag{6.1.20}$$

其中非线性部分 $n(t-t_1)^3$ 是系统误差,这里忽略不计。

线性化设计的过程如下:根据给定的温度范围确定 T_1 的值,一般为温度中间值,如设计一个 30～50 ℃ 的数字表,则 T_1 选择 313 K,即 $t_1 = 40$ ℃。B 值由热敏电阻的特性决定,

可以根据公式(6.1.13)求得。

根据非平衡电桥的显示表头适当选取 λ 和 m 的值,可以使得表头的显示数正好为摄氏温度值,λ 为测温范围的中心值 $mt_1(\text{mV})$。这样 λ 为数字温度计测量范围中心温度,m 就是测量温度的灵敏度。

确定 m 值后,E 的值由公式(6.1.20)求得,即

$$E = \frac{4BT_1^{\ 2}}{4T_1^2 - B^2} m \tag{6.1.21}$$

由公式(6.1.16)可得

$$R_2 = \frac{B - 2T}{B + 2T} R_X$$

R_2 的值可以取 T_1 温度时的 $R_{X(T_1)}$ 值计算

$$R_2 = \frac{B - 2T_1}{B + 2T_1} R_{X\ (T_1)} \tag{6.1.22}$$

由公式(6.1.19)可得

$$\frac{R_1}{R_3} = \frac{2BE}{(B + 2T_1) E - 2B\lambda} - 1 \tag{6.1.23}$$

这样选定 λ 值后,就可以求得 R_1 与 R_3 的比值。选好 R_1 与 R_3 的比值后,根据 R_1 与 R_3 的阻值可调范围,确定 R_1 与 R_3 的值。

【实验内容】

1. 用非平衡电桥测量铜电阻

(1) 预调电桥平衡。起始温度可以选择室温或者测量范围内的其他温度。

选等臂电桥或者卧式电桥做一组 $U_\circ$、ΔR 数据。将铜热电阻接到非平衡电桥输入端,调节合适的桥臂电阻,使得 $U_\circ = 0$,测出 R_{X0},并记录下初始温度 t_0。

(2) 调节控温仪,使得铜电阻升温,根据数字温控表的显示温度,读取相应的电桥输出 $U_\circ$。ΔR 的值根据公式(6.1.5)可求得: $\Delta R = \dfrac{4 R_{X0} U_\circ}{E - 2 U_\circ}$。

每隔一定温度测量一次,记录于表 6.1.1。

表 6.1.1 实验数据记录

温度 /℃								
$U_\circ$/V								
ΔR/Ω								
铜电阻 /Ω								

(3) 根据测量结果作 $R_X - t$ 曲线,由图求出 $\alpha = \dfrac{\Delta R}{R} \Delta t$,试与理论值比较,并作图求出某一温度时刻的阻值。

(4) 用立式电桥或比例电桥,重复以上步骤,ΔR 的值根据下式求得

$$\Delta R = \frac{(R_2 + R_{X0})^2 U_o}{R_2 E - (R_2 + R_{X0}) U_o}$$

做一组数据,写入表 6.1.2 中。

表 6.1.2　由电桥测量出的实验数据记录

温度 /℃									
U_o/V									
$\Delta R/\Omega$									
铜电阻 /Ω									

(5) 根据电桥的测量结果作 $R_X - t$ 曲线,试与前一曲线作比较。

(6) 分析以上测量的误差大小,并讨论原因。

2. 用铜电阻测量温度

根据前面的试验,从公式(6.1.9) 可得

$$\Delta t = \frac{(R_2 + R_{X0})^2}{R_2 E - (R_2 + R_{X0}) U_o} \frac{U_o}{\alpha R_{X0}} \tag{6.1.24}$$

用等臂电桥或卧式电桥实验时则简化为

$$\Delta t = \frac{4}{E - 2U_o} \frac{U_o}{\alpha} \tag{6.1.25}$$

实际的 α 值根据公式可得

$$\alpha = \frac{R_{X2} - R_{X1}}{(t_2 - t_1) R_{X0}}$$

取两个温度 t_1、t_2,测得 R_{X1}、R_{X2},则可求得 α。这样可以根据公式(6.1.24) 或公式(6.1.25),由电桥的输出 U_o 求得相应的温度变化量 Δt,从而求得 $t = t_0 + \Delta t$。

根据测量结果作 $U_o - t$ 曲线。

3. 用非平衡电桥测温度

选 2.7 kΩ 的热敏电阻,设计的温度测量范围为 30 ~ 50 ℃。

(1) 在测量温度之前,先要获得热敏电阻的温度特性。为了获得较为准确的电阻测量值,可以用单臂电桥测量不同温度下的热敏电阻值。

(2) 安装好仪器后,调节控温仪器,使热敏电阻升温。每隔一定温度,测量出被测电阻值,并记录下相应的温度,记录在表 6.1.3 中。

表 6.1.3　热敏电阻温度 – 电阻实验数据记录

温度 /℃	30	35	40	45	50	55	60
热敏电阻 /Ω							

(3) 根据上表测量出来的数据,绘制 $\ln R_T - 1/T$ 曲线,并根据公式(6.1.13)、公式(6.1.14) 求得 A 和 B,注意:这里的 $T = (273 + t)$ K。

(4) 根据非平衡电桥的表头,选择 λ 和 m,根据公式(6.1.20) 计算可以知道 m 为负

值,相应的 λ 也为负值。本实验如使用 2 V 表头,可以选用 m 为 -10 mV·℃$^{-1}$,λ 为测温范围的中心值 -400 mV,这样该数字温度计的分辨率为 0.01 ℃。

(5) 按照公式(6.1.21)求得 E。调节"电压调节"旋钮,将"数字表输入"端用导线接至所需要的电压。保持电位器位置不变,"数字表输入"端用测量导线接至电桥的输出端,即面板上 G 两端,这时非平衡电桥的 E 已经调好。

(6) 按照公式(6.1.22)求得 R_2。按照公式(6.1.23)求得 R_1/R_3,根据 R_1、R_3 的阻值范围确定 R_1、R_3。

(7) 按照求得的 R_1、R_2、R_3 值,接好非平衡电桥电路。设定温度 t = 40 ℃,待温度稳定后,电桥应该输出 U_o = -400 mV。如果不为 -400 mV,再微调 R_2、R_3 值。

(8) 在 30 ~ 50 ℃ 的温度范围内测量 U_o 与 t 的关系,并记录。

(9) 对 $U_o - t$ 关系作图并进行直线拟合,检查该温度测量系统的线性和误差。

(10) 在 30 ~ 50 ℃ 的温度测量范围内,任意设定加热装置的几个温度点作为未知温度,用该温度计测量这些未知温度,并计算误差。

【注意事项】

1. 连接电路的过程中避免出现短路的现象,按照线路图连接好后,请老师确认线路连接没有问题后方可打开电源。

2. 在连接铜热敏电阻时,注意接线处避免短路。

【思考题】

1. 非平衡电桥和平衡电桥有何异同?

2. 用非平衡电桥设计热敏电阻温度计有什么特点?所测温度的范围受到哪些因素限制?

6.2 利用光电效应测普朗克常数

引 言

一定频率的光照射在金属表面时会有电子从金属表面溢出的现象,我们称之为光电效应。光电效应实验对于认识光的粒子性和早期量子理论的发展具有里程碑的意义。

【实验目的】

1. 通过测试外光电效应基本特性曲线,使得学生认识、理解光的粒子性。

2. 通过五种不同频率的反向截止电压 U_s 的测定,由 $U_s - U$ 直线,求出金属的"红限"频率。

3. 验证爱因斯坦光电方程,求出普朗克常数 h。

【实验仪器】

YJ - GD - 4 型光电综合试验仪,汞灯,光电管,暗箱。

【实验原理】

1. 光电效应的基本规律

1887 年,赫兹在探测电磁波时,第一次观察到光电效应。在光的照射下,电子从金属表面逸出的现象称为光电效应。光电效应有四个基本规律。

（1）当入射光频率不变时，饱和光电流与入射光的强度成正比。

（2）对给定金属，光电效应存在一个截止频率 ν_0，当入射光的频率 $\nu < \nu_0$ 时，无论光强大小，都不会有光电子发出。

（3）光电子的最大初动能与入射光强无关，但与其频率 ν 成正比。

（4）光电效应具有瞬时性。

爱因斯坦用光子理论，圆满地解释了光电效应规律。按这个理论，光的能量并不是连续地分布在电磁波的波面上，而是集中在光子这样的"微粒"上。对频率为 ν 的单色光，光子的能量为 $h\nu$，h 为普朗克常数。

当光子入射到金属表面时，如其能量一次被电子所吸收，电子获得的一部分能量用来克服金属对它的束缚，另一部分则成为逸出表面时的最大初动能。根据能量转换和守恒定律有

$$\frac{1}{2}mv_{max}^2 = h\nu - W \tag{6.2.1}$$

这就是著名的爱因斯坦光电方程。式(6.2.1)中，m 是电子的质量，W 为逸出功，即一个电子从金属内部克服表面势垒逸出表面所需要的能量，ν 是入射光的频率，它与波长的关系是

$$\lambda\nu = c \tag{6.2.2}$$

式中，c 是光速。

从式(6.2.1)不难看出：当 $h\nu < W$ 时，没有光电子发出，即存在一个截止频率 ν_0。只有入射光的频率 $\nu > \nu_0$ 时才产生光电子。不同的金属材料逸出功 W 的数值不同，所以截止频率也不同。

2. 验证爱因斯坦光电方程，测定普朗克常数 h

实验中用"减速电位法"来验证式(6.2.1)，并由此求 h。实验原理如图6.2.1所示，K 为光电管的阴极，涂有碱金属材料，A 为阳极。光子射到 K 上打出光电子 e，当 K 加正电位，A 加负电位时，e 被减速。若所加的负电位 $U = U_s$，且 U_s 满足 $\frac{1}{2}mv_{max}^2 = eU_s$ 时，光电流才为零。U_s 称为截止电位。

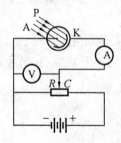

图 6.2.1　光电效应实验原理图

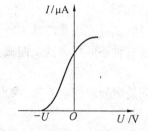

图 6.2.2　光电管的 $I-U$ 特性曲线图

光电管的 $I-U$ 特性曲线如图6.2.2所示。将 $\frac{1}{2}mV_{max}^2 = eU_s$ 代入式(6.2.1)得到

$$eU_s = h\nu - W \quad (6.2.3)$$

注意:对给定的金属材料,W 是常数,与 ν 无关。故可令

$$W = h\nu_0 \quad (6.2.4)$$

式中,ν_0 称为金属的截止频率。即当用 $\nu = \nu_0$ 的光子入射时,金属中的电子恰能逸出表面,$v_{\max} = 0$,ν_0 是产生光电效应的最低频率,称为对应阴极材料的极限频率,它与材料有关。这样便有

$$U_s = \frac{h\nu}{e} - \varphi_s \quad (6.2.5)$$

式中

$$\varphi_s = \frac{h\nu_0}{e} \quad (6.2.6)$$

φ_s 称做金属的逸出电位,对给定金属 φ_s 为常数。可见改变入射光的频率 ν,可测得不同的截止电位 U_s。作 $[U_s - \nu]$ 图可得一直线。此直线的斜率为

$$\frac{\Delta U_s}{\Delta \nu} = \frac{h}{e} \quad (6.2.7)$$

e 为电子的电量,由此可算出 h。

3. 光电管的实际 $I - U$ 特性曲线

由于:① 光电管中总存在某种程度的漏电;② 不管是阴极,还是阳极,在任何温度下都有一定数量的热电子发射;③ 受光照射(包括杂散光)时,不仅阴极发射电子,阳极也会发射一定数量的光电子等原因,将使光电管极间出现反向电流。光电管中这种不可避免的反向电流常称为暗电流。

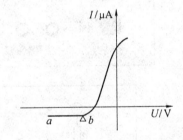

图 6.2.3 光电管的实际 $I - U$ 特性曲线

由于暗电流的存在,使光电管的 $I - U$ 特性曲线并不像图 6.2.2 所示与横轴相交而终止,而是如图 6.2.3 表示的那样,在负方向出现一个饱和值,这时,截止电压就是曲线段的拐点(图中用 △ 符号标出)对应的电压值。

【实验内容】

1. 开机

(1) 按图 6.2.4 所示安装好仪器,汞灯出光孔与光电管进光孔置于适当位置(如其间隔约为 6 cm),汞灯电源与电缆插座连接;

(2) 打开电源开关;

(3) 打开汞灯开关,让汞灯预热 15 ~ 20 min;

(4) 将测量选择置于"光电效应",电流表量程选择置于"10^{-11}A"挡,调节"电流调零"钮,使电流表指示为零;

(5) 将图 6.2.5(a) 的 K、A 与图 6.2.4 的 K、A 用连接线连接。

2. 测光电管光电流伏安特性曲线

(1) 将电流表量程置于适当挡位(如 10^{-11}A),电压表量程先置于"2 V"挡,转动滤色片盘使最短波长滤色片位于光窗位置,调节电压由 -1.950 V 逐渐升高到 0 V,观察记录

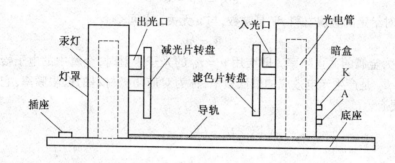

图 6.2.4 实验装置图

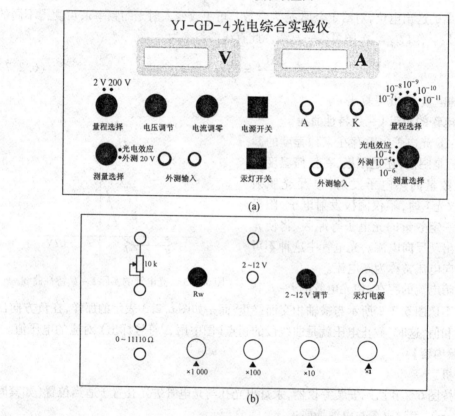

图 6.2.5 实验仪器面板图

光电流的变化(每隔 0.1 V 记一个电流值,当电流开始急剧变化前后须细测几个点,如间隔 0.05 V 记一个电流值),记下一组 I、U 值。

(2) 电压表量程置于"200 V"挡,滤色片盘位置不变,调节电压由 0 V 逐渐升高到 25 V,观察记录光电流的变化(每隔 1 V 记一个电流值),记下一组 I、U 值。

(3) 然后依次转动滤色片盘(由短波长逐次到长波长),重复以上实验,这样可记 5 组 I、U 值。作出 5 条 $I-U$ 曲线。

3. 测量反向截止电压

根据步骤 2 测出的 $I-U$ 曲线,不难看出某一波长下的光电管反向截止电压 U_s 的大概值,要想准确测出光电管反向截止电压 U_s,必须进行细测,即将电流表置于"10^{-11}"挡,电压表置于"2 V"挡,调节电压从 -1.999 V 开始连续缓慢增加,当出现电流急剧变化时,停止电压调节,记下此时电压值,在此基础上减少 0.200 V,再调电压每增加 0.050 V 记一个电流值,当电流的变化量突然增大时,其起始点所对应的电压值即为反向截止电压值。滤色片由短波长向长波长方向逐次变换,测出 5 个反向截止电压 U_s。

4. 测量光电特性曲线

(1) 将某一滤色片(如 NG577)转动至暗盒光窗位置,将减光片"100"置于出光孔位置,电压表置于"200 V"挡,调节电压由 0 V 升到 25 V 时,记下饱和电流值。

(2) 然后调换减光片分别测出透光率为 75%、50%、25%、0 情况下的饱和电流值,作出饱和电流与光强的光电特性曲线。

5. 普郎克常数 h 的测定

测量普郎克常数 h 的方法一般有两种:拐点法和电压补偿法。拐点法难于操作,目前多用电压补偿法。

(1) 拐点法

根据步骤 2 测出的 $I-U$ 曲线,不难看出某一波长下的光电管反向截止电压 U_s 的大概值,要想准确测出普郎克常数 h,必须准确测出每一波长下的反向截止电压 U_s,即将电流表置于"10^{-11}"挡,电压表置于"2 V"挡,调节电压从 -1.950 V 开始连续缓慢增加,当出现电流急剧变化时,记下此时电流值,每间隔 0.050 V 记一个电流值,电流急剧变化时,其起始点所对应的电压值即为反向截止电压值。当滤色片由短波长向长波长方向逐次变换,测出 5 个反向截止电压 U_s,作出 $U_s - \nu$ 特性曲线。

求出 $U_s - \nu$ 直线斜率 k(用作图法或最小二乘法拟合),根据 $h = ek$ 关系式就可求出普郎克常数 h。

(2) 电压补偿法

为使光电管更好受光,汞灯出光孔与光电管进光孔之间的间隔约为 15 cm。

由于光电管阴极的热电子发射产生暗电流,光电管阳极在制造过程中也不可避免地被阴极材料所污染,在光的照射下,被污染的阳极也会发射电子,形成反向电流,实验中因外界各种漫反射光入射到光电管上产生本底电流,因此,实测光电流应是阴极电流与暗电流、反向电流、本底电流的叠加值。当调节反向电压使光电流为零时,其电压并非截止电压,必须进行补偿。不同型号的光电管截止电压补偿值不一样,同一型号的光电管对于不同频率的入射光的截止电压的补偿值也不一样。测量时将电流表置于"10^{-11}"挡,将电压表置于"2 V"挡,将减光片盘置于"100"位置,将某一滤色片(如 NG577)转动至暗盒光窗位置,调节电压值使光电流值刚变为"0"时,记录电压值 U;(如 NG577 光电流从"-0.01"刚变为"-0.00"时的电压值为 -0.581 V),则截止电压 U_s 的实际值等于电压 U 加上补偿电压 ΔU_s。$U_s = U + \Delta U_s$(如 NG577 截止电压 U_s 的实际值等于 -0.598 V)。在用电压补偿法测定普朗克常数 h 时,每一型号的光电管都会有对这一型号的光电管截止电压补偿值的标记,见表 6.2.1。

表 6.2.1　某 GDh-2 型光电管截止电压补偿值（供参考）

滤色片型号	NG365	NG405	NG436	NG546	NG577
入射光波长 /nm	365.0	404.7	435.8	546.0	577.0
入射光频率 /10^{14}Hz	8.219	7.413	6.884	5.493	5.199
补偿电压 ΔU_s/V	-0.510	-0.517	-0.387	-0.136	-0.017

换不同的滤色片，测出相应的截止电压 U_s，将数据记入表 6.2.2，作出 $U_s - \nu$ 特性曲线，求出 $U_s - \nu$ 直线斜率 k（用作图法或最小二乘法拟合），根据 $h = ek$ 关系式就可求出普朗克常数 h。

表 6.2.2　数据记录

NG 577	U									
	A									
NG 365	U									
	A									

【注意事项】

1. 电源电压应该保持稳定。
2. 实验仪器所配套的滤色片是经过精挑细选的组合滤色片，实验操作时候应该注意避免污染，以避免不必要的折射光带来的实验误差。
3. 实验虽然不必在暗室中进行，但是在试验室安装仪器时，光电管入光孔请勿对准其他强光源，以减少杂散光干扰，仪器不宜在强磁场、强电场、强振动、高温、带有辐射的环境中使用。
4. 为了使得光电管更好地受光，汞灯出光孔与光电管进光孔之间的间隔距离应适当。

【思考题】

1. 光电效应实验仪、光电管、暗箱在普朗克常数测量实验中的作用是什么？
2. 截止电压和入射光频率的关系式是什么样的？由此式可以推算什么常数？
3. 怎样测量某一频率的入射光所对应的截止电压？

6.3　用示波器测量铁磁材料的磁滞回线

引　言

铁磁材料的磁性有两个显著的特点：一是磁导率非常高，而且磁导率会随磁场而变化；二是磁化过程有磁滞现象，因而它的磁化规律较复杂。要具体地了解某种铁磁材料的磁性，就必须测绘它的磁化曲线和磁滞回线，这也是设计电磁机构和电磁仪表的重要依据之一。实验常用的冲击电流计法和示波器法是测量的基本方法。前一种方法准确度较高,但是操作复杂;后一种方法虽然准确度较低,但是形象直观,简单方便,并能在脉冲磁化下测量,适合于工厂快速检测和对产品分类。本实验就是采用示波器测量铁磁材料的磁滞回线。

【实验目的】

1. 了解铁磁材料的磁化特性。
2. 了解磁滞回线组合仪的线路和熟悉示波器的使用方法。
3. 学习使用示波器测量铁磁材料的磁滞回线。

【实验仪器】

YJ-CZX-I型磁滞回线组合仪,磁滞回线实验模板,示波器,连接线若干。

【实验原理】

1. 铁磁材料的磁化特性

铁磁材料(铁、镍、钴和其他铁磁合金)除了具有很大的磁导率外,还具有独特的磁学性质。取一块未经磁化的铁磁材料,如果流过变压器初级线圈的磁化电流从零逐渐增大,则材料中磁场强度 H 也从零逐渐增大。而磁感应强度 B 随磁场强度 H 的变化如图 6.3.1 中 Oa 段所示。这条曲线称为起始磁化曲线。当磁场强度达到一定大小 H_m 时,磁感应强度 B 几乎不随 H 的增加而增加,这时候材料处于磁饱和状态。如果 H 逐渐减小,则 B 也相应减小,但并不沿 aO 曲线下降,而是沿另一条曲线 ab 下降。

B 随 H 变化的全过程如下:当 H 按 $O \rightarrow H_m \rightarrow O \rightarrow -H_c \rightarrow -H_m \rightarrow O \rightarrow H_c \rightarrow H_m$ 的顺序变化,B 相应地沿 $O \rightarrow B_m \rightarrow B_r \rightarrow O \rightarrow -B_m \rightarrow -B_r \rightarrow O \rightarrow B_m$ 的顺序变化。将上述变化过程的各点连接起来,就得到了一条封闭的曲线 $abcdefa$,这条曲线称为磁滞回线。

由图 6.3.1 可知:

(1) 当 H 回到 0 时候,B 不为零,铁磁材料还保留一定值的磁感应强度 B_r,通常称 B_r 为铁磁材料的剩磁。

(2) 要消除剩磁 B_r,使得 B 降为零,必须加一个反向磁场 H_c,这个反向磁场强度 H_c 称为铁磁材料的矫顽力。

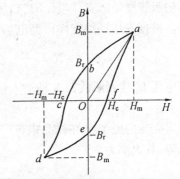

图 6.3.1 起始磁化曲线和磁滞回线

(3) H 上升到某一个值和下降到同一个数值时候,材料内的 B 值并不相同,则磁化过程与铁磁材料过去的磁化经历有关。

对于一铁磁材料,若开始的时候不带磁性,一次选取磁化电流为 $I_1, I_2, \cdots, I_m (I_1 < I_2 < \cdots < I_m)$,则相应的磁场强度为 $H_1, H_2, \cdots, H_m$。在每一个选定的 H 值下,使其做多次重复的周期变化,则可得到一组逐渐增大的磁滞回线,如图 6.3.2 所示。把原点 O 和各个磁滞回线的顶点 $a_1, a_2, \cdots, a_m$ 连成曲线,此曲线称为铁磁材料的磁化曲线。由此可知,铁磁材料的 B 和 H 不成线性关系,即铁磁材料的磁导率不是常数。

2. 示波器显示磁滞回线的原理和线路

为了在示波器的荧光屏上显示被测样品的磁滞回线,要求在示波器 X 偏转板上输入

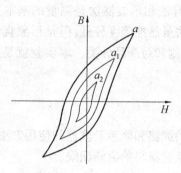

图 6.3.2　磁化曲线的测定

正比于样品中磁场强度 H 的电压,同时又在 Y 偏转板上输入正比于样品中磁感应强度 B 的电压,这样,荧光屏上就可得到样品的磁滞回线。而怎样才能做到这一点呢？图 6.3.3 是实验的电路图。图中 L 为被测样品的平均磁路长度,N_1、N_2 分别为变压器的初、次级线圈的匝数,R、r 为电阻,C 为电容。

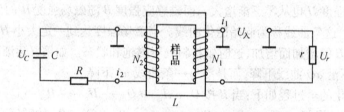

图 6.3.3　测量磁滞回线电路图

当初级线圈输入交流电压时,初级回路中产生交变的磁化电流 i_1,此电流在样品内产生磁场。根据安培环路定律得到电场大小为

$$H = \frac{N_1 i_1}{L}, \text{当 } i_1 = \frac{U_r}{r}, \text{所以 } H = \frac{N_1}{L r} U_r \tag{6.3.1}$$

如果将电压 U_r 接到示波器 X 轴输入端,则任意时刻 t,电子束的水平偏转正比于磁场强度 H 的大小。

因为交变的磁场 H 在样品中将产生交变的磁感应强度 B,所以在次级线圈内产生感应电动势,其大小为

$$\varepsilon_2 = \frac{\mathrm{d}\varphi}{\mathrm{d}t} = N_2 S \frac{\mathrm{d}B}{\mathrm{d}t} \tag{6.3.2}$$

式中,S 为被测样品的截面积。

在忽略自感电动势的情况下,次级回路的全电路欧姆定律方程为

$$\varepsilon_2 = i_2 R + U_C \tag{6.3.3}$$

式中,i_2 为次级回路中的电流,U_C 为电容两端的电压。

根据电容的定义有

$$U_C = \frac{Q}{C} \tag{6.3.4}$$

由式(6.3.3)及式(6.3.4)知道,当 R、C 足够大的时候,$i_2 R \gg U_C$,则有

$$\varepsilon_2 = i_2 R \tag{6.3.5}$$

又

$$i_2 = \frac{dQ}{dt} = C\frac{dU_C}{dt} \tag{6.3.6}$$

所以

$$\varepsilon_2 = RC\frac{dU_C}{dt} \tag{6.3.7}$$

由公式(6.3.2)与公式(6.3.7)联立得到

$$RC\frac{dU_C}{dt} = N_2 S \frac{dB}{dt} \tag{6.3.8}$$

再将式(6.3.8)两边积分,整理后得到

$$B = \frac{RC}{N_2 S} U_C \tag{6.3.9}$$

公式(6.3.9)表明,接在示波器 Y 轴输入端上的电容两端的电压 U_C 正比于磁感应强度 B 的大小。因此,利用上述装置将电阻 r 和电容 C 两端电压 U_r 和 U_C 分别接到示波器的 X 和 Y 轴输入端,就可以在荧光屏上得到相应的磁滞回线。

其次,还可以逐渐增大低频信号发生器的输出电压,使得荧光屏上的磁滞回线由小到大扩展,逐次测量出各磁滞回线顶点 $a_1, a_2, \cdots, a_m$ 的坐标,并连成一条曲线。这条曲线就是待测样品的磁化曲线。

3. 测定磁滞回线上一点的 B、H 值

在确保显示磁滞回线时示波器的水平增益和垂直增益不变的前提下,把外电源的标准正弦波电压加到示波器的 X、Y 轴输入端,此时荧光屏上将分别显示一条水平线段和垂直线段。用晶体管毫伏表(或万用表)测量此外加电压的有效值 U_X、U_Y 的坐标,而外加电压的峰值为

$$U_{X\max} = \sqrt{2}\,U_X,\quad U_{Y\max} = \sqrt{2}\,U_Y$$

再分别测量出屏上水平线段和垂直线段的长度,设分别为 n_X 和 n_Y。于是得到此时示波器 X 轴和 Y 轴的偏转因数 D_Y 和 D_X 及电子束偏转 1 cm 所需外加电压为

$$D_X = \frac{U_{X\max}}{1/2 n_X} = \frac{2U_{X\max}}{n_X} = \frac{2\sqrt{2}\,U_X}{n_X}$$

$$D_Y = \frac{U_{Y\max}}{1/2 n_Y} = \frac{2U_{Y\max}}{n_Y} = \frac{2\sqrt{2}\,U_Y}{n_Y}$$

为了得到磁滞回线上所求点的 B、H 值,需要测量出该点的坐标 X、Y,从而计算加在示波器偏转板上的电压

$$U_r = D_X X,\quad U_C = D_Y Y$$

再由公式(6.3.1)和式(6.3.9)得到

$$H = \frac{N_1 D_X}{L_r} X,\quad B = \frac{RCD_Y}{N_2 S} Y \tag{6.3.10}$$

式中各量的单位:r、R 为 Ω,S 为 m^2,C 为 F,D_X、D_Y 为 V/cm,X、Y 为 cm,H 为 A/m,

B 为 T。

【实验内容】

1. 按照图 6.3.3 所示线路接线。

2. 将示波器上的"X 轴衰减"和"Y 轴衰减"旋钮调整在"1"挡,"X 轴增幅"和"Y 轴增幅"调到零,然后开启示波器电源开关。调节"辉度"和"聚焦"旋钮,使得荧光屏上出现亮度和大小适当的光点。调节"X 轴位移"和"Y 轴位移"旋钮,使得光点位于荧光屏上坐标网络中心。

3. 把信号发生器输出电压调至 110 V,调节示波器"X 轴增幅"和"Y 轴增幅"使得荧光屏上出现大小适中的磁滞回线图形,使得图形的顶点坐标分别为(3,3) 和(−3,−3),然后逐渐减小信号发生器输出电压至零,等待测样品退磁。

4. 调节信号发生器的输出电压,从零开始,分 8 次逐渐增加输出电压至 110 V,使得磁滞回线由小变大,分别记录每条磁滞回线顶点的坐标,描在坐标纸上,并将所描绘的各点连成曲线,就得到所需要测绘的磁化曲线。

5. 在坐标纸上按照 1∶1 的比例描绘荧光屏显示的顶点坐标分别为(3,3) 和(−3,−3)的磁滞回线。记录下有代表性的一些点的坐标填入表 6.3.1 中。

6. 测定示波器的偏转因数,按照公式(6.3.10)计算出磁滞回线上 a、b、c、d、e、f 各点对应的 H_i 和 B_i 值。

表 6.3.1　磁滞回线顶点坐标

序号	1	2	3	4	5	6	7	8
U	0	20	35	50	65	80	95	110
X								
Y								

【注意事项】

1. 在连接仪器的过程中注意不要接触带电旋钮及连接线以免触电。

2. 在使用示波器的时候光亮度不要太亮,不要让光点长时间的停留在荧光屏的一个点上。

【思考题】

1. 在测量磁滞回线各个点的 H、B 值和测定偏转因数过程中,为什么一定要严格地保持示波器的 X 轴和 Y 轴增幅不变?

2. 为什么示波器能显示铁磁材料的磁滞回线?

参 考 文 献

[1] 吴泳华.大学物理实验[M].北京:高等教育出版社,2005.
[2] 季诚响.大学物理实验[M].北京:国防工业出版社,2007.
[3] 仇志余.大学物理实验[M].北京:机械工业出版社,2006.
[4] 吴锋.大学物理实验.[M]北京:科学出版社,2009.
[5] 李端勇.大学物理实验[M].北京:科学出版社,2009.
[6] 杨韧.大学物理实验[M].北京:北京理工大学出版社,2005.
[7] 高潭华.大学物理实验[M].上海:同济大学出版社,2009.
[8] 江影.大学物理实验[M].哈尔滨:哈尔滨工业大学出版社,2002.
[9] 赵维义.大学物理实验教程[M].北京:清华大学出版社,2007.

读者反馈表

尊敬的读者：

您好！感谢您多年来对哈尔滨工业大学出版社的支持与厚爱！为了更好地满足您的需要，提供更好的服务，希望您对本书提出宝贵意见，将下表填好后，寄回我社或登录我社网站（http://hitpress.hit.edu.cn）进行填写。谢谢！您可享有的权益：

☆ 免费获得我社的最新图书书目　　　☆ 可参加不定期的促销活动
☆ 解答阅读中遇到的问题　　　　　　☆ 购买此系列图书可优惠

读者信息				
姓名_____ □先生 □女士　　年龄_____　学历_____				
工作单位_____ 职务_____				
E-mail _____ 邮编_____				
通讯地址_____				
购书名称_____ 购书地点_____				

1. 您对本书的评价

内容质量	□很好	□较好	□一般	□较差
封面设计	□很好	□一般	□较差	
编排	□利于阅读	□一般	□较差	
本书定价	□偏高	□合适	□偏低	

2. 在您获取专业知识和专业信息的主要渠道中，排在前三位的是：
   ①_____　　②_____　　③_____
   A. 网络 B. 期刊 C. 图书 D. 报纸 E. 电视 F. 会议 G. 内部交流 H. 其他：_____

3. 您认为编写最好的专业图书（国内外）

书名	著作者	出版社	出版日期	定价

4. 您是否愿意与我们合作，参与编写、编译、翻译图书？
_____

5. 您还需要阅读哪些图书？
_____

网址：http://hitpress.hit.edu.cn
技术支持与课件下载：网站课件下载区
服务邮箱 wenbinzh@hit.edu.cn　duyanwell@163.com
邮购电话 0451-86281013　0451-86418760
组稿编辑及联系方式　赵文斌（0451-86281226）　杜燕（0451-86281408）
回寄地址：黑龙江省哈尔滨市南岗区复华四道街10号　哈尔滨工业大学出版社
邮编：150006　传真 0451-86414049